CHRONIQUE AGRICOLE

du « Journal de Trévoux »

DE LA

RECONSTITUTION DES VIGNES

DANS L'ARRONDISSEMENT

DE TRÉVOUX

TRÉVOUX
IMPRIMERIE JULES JEANNIN

1887

DE LA

RECONSTITUTION DES VIGNES

CHRONIQUE AGRICOLE

du « Journal de Trévoux »

DE LA

RECONSTITUTION DES VIGNES

DANS L'ARRONDISSEMENT

DE TRÉVOUX

TRÉVOUX
IMPRIMERIE JULES JEANNIN

1887

Au Lecteur,

On me demande de bien des côtés de réunir ensemble les divers articles parus dans la Chronique agricole du *Journal de Trévoux*, sur la reconstitution des vignes dans notre région. Ces articles n'étaient eux-mêmes que le résumé des conférences faites l'hiver dernier, dans la commune que j'habite.

J'avoue que c'est un bien grand honneur fait à une simple causerie au courant de la plume dans un journal, que de vouloir lui faire voir le jour sous forme de brochure. Si pourtant, comme on me le dit avec trop de bienveillance peut-être, il peut en ressortir quelqu'effet utile, si minime soit-il, je m'estimerai trop heureux d'avoir pu apporter une modeste pierre dans cette œuvre si capitale aujourd'hui.

On retrouvera forcément dans ces pages, toutes les redites et toutes les imperfections inhérentes à un travail fait au jour le jour, mais consciencieusement du moins. Les notions qui y sont renfermées et qui sont à peine suffisantes, engageront peut-être nos vignerons à suivre avec plus d'assiduité les conférences viticoles, les cours de greffage et à visiter les vignobles déjà reconstitués dans le Beaujolais.

Ce n'est que par de semblables moyens qu'on pourra créer autour des idées à propager, le courant qui, déjà très-puissant autour de nous, a laissé notre région jusqu'ici trop indifférente.

Si le lecteur, après avoir été jusqu'au bout de cette brochure, désire, comme je l'espère, pousser plus loin son étude, il trouvera dans les brochures et journaux périodiques dirigés avec tant de compétence par nos maîtres en viticulture, MM. Pulliat, Champin, Robin, Bender, etc... aussi bien que dans les traités complets de MM. Foëx, Viala, Planchon, Sahut, etc... de quoi satisfaire les plus difficiles (1).

A. DE VREGILLE.

Reyrieux (Ain), 25 mai 1887.

(1) L'ouvrage le plus complet sur la viticulture a été publié par M. Foëx, en 1886. J'ai consulté outre cet ouvrage, ceux de MM. Bazille, Viala et Girard.

DE LA

Reconstitution des Vignes

DANS NOTRE RÉGION

Les ravages causés par le phylloxera sont aujourd'hui si considérables, qu'il n'est plus permis de rester spectateur impassible ou désintéressé devant la destruction rapide et fatale de nos vignobles, il y a dix ans à peine si luxuriants encore et si pleins de promesses.

Aussi, de toutes parts se préoccupe-t-on, maintenant plus que jamais, de la question capitale entre toutes, de la conservation des rares vignobles existant encore, et de la reconstitution des autres par les cépages américains.

En vain, quelques incrédules, qui ont vu passer bien des fléaux sur la vigne, fléaux temporaires et plus au moins bénins, haussent-ils les épaules devant la dévastation phylloxérique qui progresse, mais qu'ils ne veulent pas admettre ; en vain, disent-ils que cela passera comme le reste et qu'il faut replanter les anciens plants français ; en vain, mettent-ils sur le compte des hivers de 1870 et de 1880, sur le compte de l'épuisement du sol, des brouillards ou de ce qu'ils appellent « le manque d'amour de la terre », cette disparition de nos plus beaux vignobles.

Trop d'esprits sagaces, trop d'observateurs habiles ont aujourd'hui réuni leurs travaux en vue d'arriver à la synthèse vraie du fléau, pour qu'il soit permis de s'attarder aux rêves et aux utopies des vignerons routiniers. L'expérience est là, sûre et indéniable, et il faut se rendre à l'évidence : il faut de aller l'avant.

Pour moi qui suis depuis huit ans la marche progressive et si rapide du phylloxéra dans notre région, qui ai lutté contre lui par tous les moyens, tantôt avec succès, tantôt sans réussir, et qui après de nombreuses études dans le Midi et de nombreux essais dans mes propres vignes, ai enfin obtenu le résultat si longtemps cherché, je pense qu'il n'est peut-être pas hors de propos de faire connaître ce qu'ils doivent faire à ceux qui attendent, anxieux et incertains.

Mon intention n'est point de faire un cours de viticulture, mais un simple exposé de la situation actuelle et des divers essais de reconstitution appropriés à notre sol, qui m'ont amené au but tant désiré.

Si les lecteurs intéressés du *Journal* veulent bien me suivre dans cette étude, j'essaierai d'examiner avec eux les divers côtés de cette grave situation, que j'ai déjà cherché à faire comprendre à un certain nombre d'entre eux, surtout dans les rapports du greffage et de la taille des vignes américaines avec le sol spécial de nos coteaux de la rive gauche de la Saône, aujourd'hui si tristement dépeuplés.

Je désire pouvoir les intéresser en apportant mon humble tribut à la grande œuvre de reconstitution, entreprise partout, malgré tant de contradictions. Le succès n'est possible qu'à la condition que chacun apportera son contingent d'efforts et d'observations, car dans une question aussi complexe que celle-ci, les syndicats, les écoles de greffage, les conférences isolées ne sauraient suffire à produire un résultat. Il faut l'étude individuelle du sol, de l'exposition, du cépage, et si le point de départ est toujours le même, l'application peut varier à l'infini, pour arriver à un résultat certain.

I

Le Phylloxera existe-t-il ?

Et d'abord, le phylloxera existe-t-il ?

Après en avoir nié longtemps l'existence, nos vignerons finissent enfin par reconnaître qu'une maladie nouvelle, un ennemi pressant et implacable détruit les cépages les plus vigoureux.

Précédemment, les affections de la vigne étaient extérieures ; on voyait le mal sur les feuilles, sur les fruits, sur les tiges, et l'on savait où porter le remède à coup sûr, pour tuer l'insecte ou le cryptogame. Les ceps étaient dans un état de souffrance passagère; la récolte manquait un an, deux ans, puis la vigne reprenait son état normal.

Aujourd'hui, le mal est sous terre et sur les racines ; on ne saurait l'atteindre qu'au *juger*, sans pouvoir répondre que le remède ira trouver toutes les racines protégées par mille obstacles. La vigne meurt en deux ou trois ans, et *partout*, *toujours*, quand elle est atteinte, on trouve sur les radicelles, un insecte parfaitement défini aujourd'hui, qui après avoir épuisé le tènement où il s'est installé pour nourrir ses faméliques générations, émigre sur d'autres sujets plus vigoureux, afin de leur donner un nouveau régal.

Pas de répit, pas d'arrêt dans sa marche ascendante du Midi au Nord. Que l'été soit brûlant ou l'hiver rigoureux, le printemps humide ou l'automne pluvieux, les essaims continuent leur dévastation avec une régularité désolante, et l'observateur le moins attentif examinant le cep qu'il a arraché sans peine, découvre à l'œil nu la cause du mal en en voyant les effets.

Deux centres d'invasion ont été parfaitement reconnus en France. Le premier, qui remonte à 1863, se trouve à Roquemaure, dans le Gard, d'où il a rayonné dans tout le Midi et tout l'Est de la France ; le second qui apparaît en 1886, près de Bordeaux, et qui s'étend dans tout l'Ouest et le Centre.

Soixante départements sont aujourd'hui contaminés, sans compter que la Corse, les bords du Rhin, la Suisse, l'Autriche, l'Espagne, la Grèce, l'Italie, l'Algérie, sont infectés par le redoutable animal. Madère est dévastée et les célèbres grapperies d'Irlande et d'Angleterre sont elles-mêmes fortement atteintes.

Le mal est général, quels que soient le terrain, le climat, l'exposition, le cépage, la culture ou l'âge du cep. Partout se retrouve l'imperceptible animal qui, par légions, dévore tout sur son passage.

II

D'où vient le Phylloxera ?

D'où vient le phylloxera?

Rien de plus difficile à déterminer, et pourtant que de causes ne lui a-ton pas asignées ? Tantôt on l'a dit venir d'Amérique, où on le trouve en effet, mais toujours sur les feuilles, où il produit une galle semblable à celle du chêne, tantôt on l'a dit venir des guanos importés du Pérou pour fumer nos vignes du Midi. Les uns ont voulu y voir un insecte existant depuis longtemps à l'état inerte ou peu vigoureux, et profitant de l'état d'affaiblissement de nos vignes pour les assaillir avec succès, et pulluler dès lors avec la même facilité que le hideux cafard des cuisines (periplanata orientalis), ou la punaise des lits (cimex lectularius), le puceron lanigère ou la dermeste du lard ; tandis que d'autres ont assimilé l'insecte à la galéruque de l'orme ou à la criocère de l'asperge.

Peut-être ne saura-t-on jamais l'origine exacte du fléau, et il suffira de signaler deux faits pour montrer combien on doit en rester aux hypothèses.

1° Il y a plus de cinquante ans que les vignes américaines sont cultivées en Italie et en Angleterre, et pourtant le phylloxera a commencé par la France qui l'a importé dans ces deux pays. Il semblerait dès lors que le fait de l'existence du phylloxera sur *les feuilles* des vignes américaines, ne saurait être une raison de sa présence subite sur *les racines* de nos vignes indigènes.

2° Une observation des plus importantes fut faite en 1868 par MM. Bazille et Planchon, au Plan-de-Dieu, près d'Orange, sur un vignoble de 100 hectares, récemment planté après défrichement d'une forêt de chêne commun (quercus robur). Les premiers points d'attaque se trouvaient auprès des chênes qui subsistaient encore, et les feuilles de ces arbres étaient recouvertes à leur face intérieure d'innombrables colonies du puceron décrit par Fons Colombe sous le nom de *phylloxera quercùs*, ou phylloxéra du chêne.

En même temps, d'autres vignobles situés sur des points très différents, à Roquemaure, à Orange, à Saint-Remy, à Arles, et plantés récemment sur d'anciennes forêts de chênes défrichées, étaient atteints et dévastés en moins de deux ans.

Dans chacun de ces cas, les racines de la vigne avaient été en contact avec les racines des souches de chêne, encore vivantes dans le sol, et la mortalité fut telle que le vignoble de 100 hectares du Plan-de-Dieu, situé au milieu du foyer d'infection, dans un terrain de *diluvium alpin*, ne présentait plus, en juillet 1869, dans toute son étendue, que l'aspect lugubre d'une vaste nécropole de ceps munis encore de leurs sarments jaunis et desséchés.

Rapprochant ces observations faites au centre du point primitif d'attaque en France, des études de M. Balbiani sur le phylloxera du chêne ; constatant combien étaient différentes les habitudes du phylloxera, suivant qu'on l'étudiait en Amérique ou en France, on pouvait se demander si l'ennemi qui survenait tout-à-coup n'était pas bel et bien un phylloxera français, existant dans notre sol précédemment, et qui, appartenant au genre polyphage, n'avait pas pris soudainement, sous l'influence de causes complexes, une vigueur et une vitalité extraordinaires ?

Quoiqu'il en soit, le terrible fléau était là, et il fallait le combattre. On se mit résolument à la besogne.

III

Entomologie du Phylloxera.

La première tâche qui incombait aux commissions qui se formèrent dans le début, était de rechercher l'insecte lui-même et d'étudier avec un soin tout spécial, ses goûts, ses habitudes, son mode de reproduction, de propagation, en un mot de faire l'entomologie du phylloxera dans tous ses détails, afin de pouvoir résister dans la mesure du possible.

MM. Balbiani et Planchon purent en peu de temps, et dès 1868, présenter une étude assez complète du terrible ennemi de nos vignes, étude que je crois indispensable de résumer en peu de mots.

Le *Phylloxera vastatrix*, n'est ni un ver comme les vers de terre, ni un millepied, ni une araignée ; c'est un insecte microscopique, ressemblant assez à un pou, et caractérisé essentiellement par six pattes attachées en dessous du thorax, parfois par deux paires d'ailes très allongées, et de la famille des *suceurs*, tels que les taons, les œstres, les cigales et les pucerons.

Cet ordre d'insectes, appelé *hémiptères*, possède une trompe articulée et droite, qui au repos se replie sous la poitrine. Tous les habitants de nos pays sont familiarisés avec les pucerons du rosier, et bien que ce ne soient pas tout à fait des sujets analogues, rien ne peut, à la grosseur près, mieux donner une idée du Phylloxera. Il est facile d'observer les mœurs de ce puceron qui présente une nombreuse série de générations sans mâles, où les femelles privées d'ailes mettent au monde des petits vivants, tant que la température est élevée. Mais quand les rosiers s'épuisent sous la succion, apparaissent d'autres femelles dites *émigrantes*, pourvues de quatre ailes et qui emportées par le vent, vont transporter l'espèce sur d'autres plantes. A l'arrière saison, naissent des mâles à quatre ailes qui s'accouplent avec les femelles sans ailes, et celles-ci, qui sont ovipares, pondent sur les rameaux et les bourgeons du rosier des œufs dits d'*hiver*, et qui donneront au printemps la série multiple des femelles vierges et vivipares.

Qu'on me pardonne sur le puceron du rosier ces détails. Ils ne sont pas inutiles pour bien comprendre la vie évolutive du Phylloxera, très compliquée, et pourtant indispensable à connaître pour saisir le système de résistance à lui appliquer.

Ne perdons pas de vue que dans son développement, le Phylloxera affecte trois formes distinctes. Il y a des femelles pondant des œufs *sans le concours des mâles,* les unes *sans ailes,* les *autres ailées,* et une dernière phase renouvelant la fécondité de l'espèce pour un grand nombre de générations, dans laquelle on trouve, suivant les lois ordinaires, des femelles *sans ailes,* ovipares, mais *après leur accouplement* avec des mâles également sans ailes. Les trois sortes de femelles pondent toutes des œufs et jamais de petits vivants, comme il arrive au puceron du rosier.

Pendant toute la belle saison, on trouve sur les racines des vignes malades, des phylloxeras privés d'ailes, la trompe enfoncée dans l'écorce, et développant sous terre, sans le concours des mâles, leurs générations successives. Ce sont des insectes dodus, renflés comme de petits poux, jaune verdâtre ou brunâtre, ayant 3/4 de millimètre de long sur 1/2 de large. Pour les bien étudier, il faut une loupe, mais on peut les distinguer très bien à l'œil nu, surtout en les faisant tomber sur un morceau de papier noir, où on les voit marcher assez facilement.

Il ne faut pas chercher l'insecte sur les racines des vignes malades, mais bien sur celles des ceps vigoureux à proximité du point d'attaque. C'est là en effet que les tribus si voraces du phylloxera sont installées, après avoir abandonné les pieds qui ne pouvaient plus les nourrir. Car la racine une fois attaquée dans sa sève, se renfle, pourrit et meurt.

La femelle non ailée pond en petits tas autour d'elle, des œufs allongés et couleur soufre où l'on voit deux points rouges qui sont les yeux de l'embryon. Il est à remarquer que l'insecte est muni, à l'état adulte, d'yeux à 3 facettes excessivement développés, ce qui indique bien l'utilité qu'aura pour lui la vue, au moment de la migration.

Au bout de huit jours, sort de l'œuf une larve verdâtre qu'on remarque facilement à la loupe, à cause de l'agilité de ses mouvements. En vingt jours, après avoir enfoncé son suçoir dans la racine choisie par elle, la femelle sans ailes est adulte, et pond elle-même, pendant un temps mal connu, une trentaine d'œufs.

Les générations annuelles se succèdent ainsi du 1er mai au 1er novembre, dans nos pays. On est certain que le nombre de ces générations s'élève au moins à huit, ce qui, à trente œufs par mère, donne en octobre, *pour un seul individu du printemps*, TRENTE MILLIONS de sujets! Ainsi s'explique la progression effrayante de la maladie.

Sans doute, avec tous les toxiques trouvés et à trouver, on détruira bien des milliers d'insectes dans une vigne donnée. J'admets qu'on les détruise tous, sauf un : si cet un est une femelle adulte, elle laissera à côté d'elle, à l'automne, 30 millions de ses congénères, du même appétit qu'elle. Je veux même qu'on détruise, par le sulfure de carbone, par exemple, jusqu'au *dernier* des phylloxeras que contient la vigne précitée, et voilà que la vigne voisine qui n'est pas ou qui est mal traitée, envoie une femelle dans la terre, où il n'y en avait plus et qui sera infestée au bout d'un an tout autant qu'elle l'était avant.

J'appelle l'attention du lecteur sur ce fait qui est capital, et qui sera d'une grande importance, quand il s'agira de conclure :

La fécondité du phylloxera est telle qu'elle défie les chiffres, et que pour atteindre un ennemi aussi redoutable, tous les toxiques, à l'exception de l'arrachage universel, s'il pouvait être pratiqué, ne sont que des palliatifs coûteux, à résultats incomplets et peu durables.

Je sais bien que si ces innombrables colonies vivaient sur elles, entre elles reproduisant leur espèce dans leur propre famille, cette consanguinité finirait par épuiser rapidement la vitalité de la race. Toute reproduction se faisant entre frères, sœurs et germains, amènerait la dégénérescence de ces générations sans mâles et la diminution progressive des œufs dans ces propagations universelles. C'est incontestable.

Malheureusement pour nous, la nature a prévu cet épuisement possible et y a porté remède. Et voici qu'à l'été, des femelles s'allongent, et par une série de mues, prennent deux paires d'ailes. Ce sont des essaimages qui se préparent, tous ces petits individus semblant avoir l'instinct que la nourriture va manquer aux colonies souterraines, et qu'il faut aller chercher ailleurs de nouvelles amours.

Au fur et à mesure que la chaleur augmente, on peut voir sur les racines de la vigne, à côté des sujets sans ailes, des *nymphes* plus allongées qui montent peu à peu au pied du cep et à la surface du sol. L'évolution se termine à la chaleur du soleil, et voici des femelles *migratrices, ailées* et fécondes comme les précédentes, sans le secours des mâles, qui attendent le premier souffle du vent, pour se laisser emporter vers de nouvelles régions qu'elles dévastent, comme celles qu'elles viennent de quitter.

Qu'on se figure une de ces cicadelles verdâtres et sautillantes, si communes chez nous en automne, et réduite à l'état microscopique, telle est comme aspect, la femelle ailée du phylloxera. C'est de Juillet à septembre qu'on peut voir ces essaims s'abattre sur nos pampres, et un observateur attentif en trouvera facilement, au soleil levant, bien des individus arrêtés sur les aubépines de nos haies par les toiles si légères des araignées que chacun connaît.

Ces femelles pondent leurs œufs dans le duvet des jeunes feuilles et dans les bourgeons, ou bien elles se logent dans les ex foliations du cep, surtout si le temps est humide. Les œufs de la femelle ailée sont de deux tailles; l'un gros d'où naissent des femelles sans ailes, l'autre petit d'où sortent des mâles, également sans ailes. Ces frères et sœurs, qui semblent n'avoir d'autre but dans leur vie éphémère que la reproduction, s'accouplent promptement, et la femelle fécondée par le mâle, pond un œuf, *un seul* sur le cep, dans les plis de l'écorce, fait très important. Cet œuf est dit *œuf d'hiver* et on le reconnaît à sa forme cylindroïde, à sa couleur vert olive mouchetée de noir, et à un petit crochet qui le fixe au bois du cep.

Dès le mois d'avril, les œufs d'hiver éclosent et donnent naissance à des insectes non ailés, semblables aux femelles sans mâles des racines, et contenant un nombre d'œufs considérable, contenu dans vingt-quatre gaînes ovigères.

On le voit donc, la fécondité de l'espèce funeste a été renouvelée par l'accouplement, c'est-à-dire en suivant les lois ordinaires, pour un grand nombre de générations. Le cycle phylloxérien, comme le remarque M. Girard, se trouve donc complet par la triple et consécutive existence des femelles sans mâles, les unes sédentaires et non ailées, les autres émigrantes et ailées, et des sexués sans ailes.

On entrevoit ce que vont devenir toutes les femelles pleines d'œufs et provenant des œufs d'hiver. Elles gagnent les racines et donnent sans mâles,la série des colonnes souterraines de dévastation, que nous avons déjà étudiée, et ainsi de suite.

Un mot seulement qui me paraît indispensable, sur ce que quelques vignerons appellent le phylloxera d'été. Vers le mois de juillet, même dans les vignes soumises aux traitements insecticides, on remarque un accroissement très considérable dans le nombre des individus, et la vigne en souffre d'une façon très rapide et très sensible, au point d'en mourir. Le fait est naturel et s'explique aisément par l'augmentation de la fécondité qui est en rapport direct de la température, par l'arrivée des nouveaux essaims apportés par les vents du Midi, ou provenant des vignobles voisins non traités.

Il faut bien le dire, tous les procédés de destruction sont incomplets. La submersion elle-même, si pratiquée dans certains pays, pendant cinquante jours d'hiver, ne suffit pas. Le sulfure de carbone est loin d'atteindre partout l'ennemi, et l'œuf d'hiver qui est *sur le cep lui-même*, échappe au traitement et vient bientôt fonder de nouvelles colonies sur les racines.

Le fait est certain : Il faut vivre avec le phylloxera et perdre l'espoir chimérique de l'anéantir complètement par n'importe quel traitement.

L'infiniment petit est plus fort que nous, et il faut trouver le moyen de tourner une aussi grave difficulté ! En vain, les uns nous diront-ils que le froid arrêtera la marche du fléau, pendant un hiver rigoureux ; nous avons vu en 1879-80, la terre gelée à soixante centimètres de profondeur et le phylloxera reprendre de plus belle, l'été suivant.

En vain cherchera-t-on si quelque insecte carnivore, ou quelque oiseau insectivore pourra nous fournir un auxiliaire vivant et contrebalancer le développement prodigieux de l'espèce maudite. Je suis tout à fait d'avis d'accorder aux oiseaux la protection la plus active, ce qu'on ne fait guère, mais ils ne peuvent guère atteindre que les phylloxéras en migration. Et encore faudrait-il au lieu de dénicher et de tuer impitoyablement fauvettes, mésanges et bergeronnettes, en importer de grandes quantités. L'homme est ici le premier auteur du peu de concours qu'il trouve aujourd'hui dans cette classe d'auxiliaires. Au surplus, la vie souterraine des trois quarts des individus, les met à l'abri de ce genre d'ennemis.

Beaucoup ont prétendu trouver par l'emploi de certaines cultures intercalaires, un remède à tous les maux, et l'on a proposé de planter des ricins, des fraisiers, etc., au pied des ceps, afin de faire passer le phylloxera sur les racines de ces plantes nouvelles, comme on le voit faire dans les potagers, autour des rosiers avec des salades sur lesquelles les vers blancs se jettent à pleines dents. Mais on a oublié que le phylloxera est un parasite spécial à un seul groupe végétal de classification naturelle. Il faudrait des plantes analogues à la vigne pour le détourner de celle-ci, et malheureusement, il n'existe pas, dans la famille si restreinte des ampélidées, de plantes succédanées de la vigne, et qui, en outre, auraient, ce qui est nécessaire, leurs racines préférées à celle de la vigne elle-même.

Résistance au Phylloxera.

L'on peut voir, par ce résumé succinct de l'entomologie du phylloxera, que la question de conservation de nos vignobles, est des plus difficiles. D'un coté, un ennemi infatigable, insaisissable, invisible et nous assaillant par milliards toujours à nouveau ; de l'autre, nos pampres si verdoyants naguère et si chargés, disparaissant de jour en jour malgré tous les efforts et toutes les inventions. Ici des coteaux où, la vigne arrachée, aucune récolte aisée et assurée ne peut être obtenue. Là, des terrains neufs qu'on replante avec ardeur et qui sont décimés en trois ans. Et enfin, pour comble de malheur, le cultivateur dont la cave est vide, obligé de se priver du vin qu'il récoltait lui-même depuis 20 ans, ou d'acheter au plus proche débit, un affreux mélange d'alcool de grains et de fuchsine, poison plus violent encore que le phylloxera lui-même.

Bien des vignerons entêtés dans leur idée que le fléau va passer, comme ont passé tous les autres, disent-ils, défoncent et replantent comme jadis, en fumant à outrance, et en se promettant de sulfurer hardiment leurs nouvelles vignes. Mais ils oublient que si l'on peut sulfurer une vigne attaquée pour la garder encore pendant quelques années, cet agent insecticide, outre qu'il ne peut réussir dans tous les terrains, ne peut non plus devenir un agent inséparable de la vigne. Que deviendra un vignoble, chaque année, imbibé et à réitérées fois de tous ces toxiques qui brûlent les racines et empoisonnent le terrain ? Que d'années où l'on ne pourra pas sulfurer utilement et en temps opportun ? Et combien de voisins négligents qui, ne sulfurant pas, rendront leurs soins inutiles !

Assurément, devant tant de ravages, tant de contradictions, tant de discussions, le vigneron doit être bien perplexe, et se demander anxieusement quel parti prendre. La terre est là, défoncée, reposée, fumée; il va falloir planter, et il ne sait à qui en croire. Essayons en examinant les divers modes de résistance inventés contre le phylloxera, dont nous connaissons maintenant les mœurs, d'arriver à une conclusion pratique que nous étudierons alors dans le plus grand détail, quand nous l'aurons trouvée, afin de l'approprier au sol de notre arrondissement.

Il y a quatre moyens sérieux de lutter contre le phylloxera : l'arrachage, la submersion, le sulfure de carbone et l'emploi des cépages américains.

Je ne parlerai que pour mémoire de deux ou trois autres procédés, ingénieux sans doute, mais qui ne semblent pas suffisants pour constituer un remède pratique et sérieux.

Je demande la permission au lecteur, avant de continuer notre modeste étude sur la reconstitution de nos vignobles, de répondre à de nombreuses demandes qui me sont adressées et dans lesquelles on me presse d'arriver au but et de conclure. Les uns veulent savoir de suite quels plants il faut employer pour replanter, les autres voudraient avoir imprimées de suite en brochure, les quelques observations que j'ai pu faire et les conseils qui peuvent en découler.

Je comprends assurément combien chacun

est anxieux en voyant ce qui se passe autour de lui : tel a encore sa vigne en apparence à peu près indemne, tel autre est complétement ravagé ; celui-ci a planté des cépages américains et a échoué, tandis que celui-là a merveilleusement réussi ; voici un propriétaire qui a sulfuré avec succès, tandis que ce vigneron a hâté la perte de sa vigne. Et l'on est là à ne savoir que faire et à laisser passer un temps précieux.

Qu'on veuille bien pourtant faire attention à une chose. Le travail de reconstitution d'une vigne est une chose trop importante et trop coûteuse, pour qu'on agisse à la légère. Autre chose est de manquer une récolte de blé ou de seigle obtenue par de simples labours, et sans que la récolte de l'année suivante soit compromise : autre chose est de manquer une plantation de vigne dont l'établissement est pénible et dont la durée doit être de 30 ou de 40 ans. Or, les conditions de réussite, et les éléments qui entrent en jeu aujourd'hui pour combattre le phylloxera, sont tellement divers, tellement nombreux, que le succès dépend d'une véritable étude du terrain, du sous-sol, de l'exposition, du cépage, etc. Une fois qu'on sait à quoi s'en tenir sur chacun des détails, on peut se décider en pleine connaissance de cause, et le vigneron qui voudra bien suivre cette étude jusqu'au bout comprendra combien il etait important indispensable de savoir ce qu'était l'ennemi, comment il opérait, ce qu'on avait tenté jusqu'ici pour le détruire, et enfin le remède qui peut définitivement et sans discussion permettre à nos coteaux, et même à nos plaines, de se recouvrir de pampres luxuriants et de grappes dorées.

Ceci dit, j'en viens aux moyens employés pour lutter contre le phylloxera.

IV

Arrachage.

L'arrachage de la vigne est le moyen héroïque, et radical assurément, pour terrasser et annihiler l'ennemi invisible, qui est la cause, la seule cause de tout le mal. Mais ce moyen eût dû être employé dès le début de la contagion, comme il est employé aujourd'hui en Algérie où le fléau a fait son apparition. Et lorsque M. L. Bouley, le rapporteur de l'Académie, concluait énergiquement à l'arrachage de tout vignoble contaminé, assimilant le phylloxera à la peste bovine qu'il fallait détruire par le fer et le feu, il était dans le vrai. Malheureusement, un courant contraire de préjugés, qu'on doit bien regretter aujourd'hui, s'éleva avec beaucoup de forces contre ces conclusions, et on laissa le mal se propager avec une rapidité foudroyante.

Toutefois aujourd'hui, dans un pays, dans un vignoble où l'invasion *se déclare* et est à ses débuts, il est possible d'arrêter pour quelques années la marche de l'insecte, et par conséquent, de tirer quelques récoltes encore de la vigne convenablement traitée. Mais il faudra agir rapidement, radicalement, et ne pas s'endormir après un arrachage même fait dans les meilleures conditions. Car, qu'on ne l'oublie pas, le terrain le plus indemne aujourd'hui, peut recevoir demain un essaim migrateur de femelles ailées et être empoisonné pour toujours.

Que fera donc le vigneron dont la vigne encore intacte en apparence, semble lui permettre d'avoir une tranquillité parfaite. Il examinera avec soin, dès le printemps, mais surtout dans la période de juillet à septembre, la *tenue* des ceps et la pousse du bois, surtout la seconde pousse d'août. S'il remarque une certaine langueur dans la sève, s'il voit des feuilles jaunies, et prendre l'apparence d'une feuille de groseiller, s'il constate dans une certaine circonférence, un petit nombre de ceps dont la poussée est arrêtée et formant ce qu'on appelle une *tache*, qu'il découvre de suite le terrain et cherche les radicelles de l'année. Si le phylloxera est là, il le reconnaîtra sur l'heure à ces jeunes racines, coupées, recroquevillées, portant des nodosités insolites ou renflements comme des grains de chapelet ; et dans la cavité de chacun d'eux, il verra sans effort l'insecte blotti, qui, par l'action de son suçoir, arrête la sève et produit ces grappes de petits bourrelets qui font ensuite pourrir la racine.

Quand on a vu une fois ces nodosités, on ne les oublie pas, et point n'est besoin de voir le phylloxera lui-même pour affirmer que l'ennemi est là. Ce n'est pas du reste sur les ceps déjà morts qu'il faut le chercher, car où il n'y a plus de nourriture, il n'y a plus de convive. Et il faut chercher hardiment sur les ceps voisins, les plus vigoureux et qui semblent le moins atteints, et puis agir sans perdre une minute.

Qu'on me permette un souvenir personnel. En 1878, vers la mi-juillet, et alors que les vignes étaient ou semblaient être dans un état relativement satisfaisant, un vigneron vint me dire que la foudre était tombée dans une de mes vignes et avait brûlé quatre ceps. C'était encore l'époque où dans nos pays, on ne croyait pas au phylloxera. Poussé par la curiosité, j'allai voir le lendemain les effets produits par la foudre sur les ceps indiqués, et je trouvai en effet quatre plants dont les branches étaient à moitié desséchées, les raisins flétris, et le bois encore vert. J'essayai d'en arracher un : il me vint à la main et je constatai, non sans étonnement, qu'il n'avait plus de racines. L'idée du phylloxera ne me vint pas sur l'heure, bien que j'eus remarqué dans les cinquante ou soixante ceps environnants un certain manque de vigueur. Vers la fin d'août, je retournai au même endroit, et quel ne fut pas mon étonnement en constatant que dans un rayon de 10 à 12 mètres, et dans une circonférence parfaitement circonscrite, la vigne avait faibli, *flanché,* pour employer une expression vulgaire, et plus les ceps se rapprochaient du centre, plus ils étaient malades, tandis que ceux de la périphérie n'offraient pas d'autres caractères que de n'avoir pas reçu la sève d'août et de n'avoir pas fait leur seconde poussée.

Il y avait matière à réflexion. Je déterrai immédiatement quelques ceps dont je trouvai les racines mangées, mais quelque soin que j'apportasse à sonder avec une loupe extrêmement puissante, les moindres replis de l'écorce ou des radicelles, pas trace de phylloxera. J'en parlai à d'autres vignerons incrédules sur l'existence du fléau, qui déjà pourtant dévastait les coteaux de St-Germain-au-Mont-d'Or ; ils me répondirent en mettant tout sur le compte de l'*hiver* de *septante,* sur les brouillards, sur le *manque d'amour* de la terre, etc., etc... Bref, sans être convaincu, je restai perplexe et ne pris aucune décision.

Au printemps suivant, la taille se fit comme d'habitude, et 350 ceps périssaient après avoir poussé de quelques centimètres, tandis que 600 environ étaient dans un état de langueur des plus apparents. Je recherchai de nouveau le phylloxera sur des ceps très vigoureux avoisinants, et je l'y trouvai en quantité énorme. Au mois d'août, une bicherée et demie était atteinte, arrachée à l'automne ; et en 1880, il fallait sacrifier la vigne tout entière, qui, en deux ans, avait été complétement dévastée.

Dans cette même année de 1880, cinq autres taches analogues étaient déclarées dans les vignes voisines ; et pour ne pas avoir voulu, à ce moment, trancher dans le vif, afin d'arrêter momentanément le fléau, il me fallut chaque année arracher progressivement 10, 15, 20 *passées*, pour arriver, en fin de compte, à tout arracher.

Si je cite un exemple qui m'est personnel, c'est afin de bien convaincre le vigneron que, dès qu'il a reconnu un point d'attaque, il doit, avant toute autre chose et avant d'arracher, déterminer avec des échalas un carré qui soit *au moins le double* de la tache elle-même, et qui l'englobe complètement. Ce carré renfermera au moins autant de ceps vigoureux que de ceps atteints, et par un examen des racines, aussi étendu qu'il le faudra, le vigneron s'assurera qu'il ne laisse pas de ceps atteints en dehors de son carré d'arrachage. Puis il injectera du sulfure de carbone en quantité dans la portion de vigne condamnée qu'il aura préalablement bouleversée et mélangée avec de la chaux vive. Il ne procédera qu'ensuite à l'arrachage.

Les ceps arrachés seront mis en tas au milieu du carré, au fur et à mesure de leur extirpation, et brûlés *immédiatement* après avoir été arrosés de goudron.

Il ne faudra pas songer à laisser les ceps sur le bord de la vigne, pour les emporter à l'automne, où ils seraient entassés comme bois à brûler sous quelque hangar ; il ne faudra pas se contenter de les roussir au feu, dans une flambée faite sur place. Toutes ces précautions seraient illusoires, et les ceps arrachés devront être brûlés sur place complétement, et sans qu'il en soit laissé un seul, même vingt-quatre heures, sur le terrain.

On peut dire que tel est le seul moyen efficace à employer au début du mal ; et quand un vigneron intelligent, résolu, a bien circonscrit une tache d'attaque, il a certainement retardé de plusieurs années la perte du vignoble. L'a-t-il empêchée pour toujours ? Non, car le premier coup de vent qui viendra, lui ramènera peut-être cet ennemi qu'il vient de détruire par le feu ; et la vigne du voisin, indemne aujourd'hui, attaquée demain, le réempoisonnera à nouveau.

Mais enfin, comme aucun vigneron ne se décidera, si hardi qu'il soit, à arracher une vigne qui peut encore donner une récolte ou deux, du moins peut-il espérer ainsi prolonger sa durée et retarder l'arrachage définitif. C'est ainsi qu'en Algérie, l'on opère aujourd'hui, et il est permis de supposer que, en France, si l'arrachage obligatoire eût été dans le début imposé et surveillé par de sérieuses commissions d'arrondissement, le mal serait moins grand aujourd'hui.

Qu'on ne l'oublie pas toutefois, avant de toucher au sol, il faut l'empoisonner ; car sans cette précaution absolument indispensable, les outils, les chaussures, les vêtements porteraient avec eux le fléau, partout où ils seront promenés.

Je n'insisterai pas davantage sur l'arrachage qui n'intéresse plus parmi nous la plus grande partie des viticulteurs, puisque les 2/3 de nos vignes sont perdues. Mais les heureux propriétaires qui possèdent encore quelques tènements inattaqués, feront bien, je crois, d'agir sans hésitation le jour où ils constateront l'invasion du fléau.

V.

Submersion.

Je ne m'étendrai pas sur la résistance qu'on peut opposer au phylloxéra par la submersion des vignes, qui a été si employée dans le Midi, avec plus ou moins de succès, suivant les terrains. Outre qu'il y a là une installation d'appareils et une préparation des plus dispendieuses, la situation générale de nos vignobles assis sur des côteaux généralement assez rapides, ne permet pas de penser à ce moyen plus énergique peut-être que rémunérateur. Les expériences faites au Mas de Fabre, près Avignon, ont certainement réussi, mais le coût des machines élévatoires et de leur fonctionnement, l'entretien de bourrelets de terre nécessaires à maintenir l'eau à quelques centimètres au-dessus du sol pendant 40 à 50 jours, l'inconvénient de la glace, puisque l'opération ne peut se faire qu'en hiver, en un mot la difficulté jointe au prix excessif de l'opération, suffisent pour détourner même ceux qui seraient en situation par leur proximité de l'eau ou l'assiette de leurs vignes, d'exécuter ce traitement. Il semble que ceux-là seuls qui, par l'importance de leur *crû*, ont intérêt à conserver, sans regarder à la dépense, leurs plants et leurs vignes, peuvent se permettre d'aussi coûteux établissement.

Une seule chose est à retenir à propos de la submersion, en ce qui concerne notre région. Il y a certaines vignes reposant sur un sol argileux et imperméable, qui sont toujours mouillées, surtout en hiver, et généralement on s'évertue à drainer et à canaliser ces eaux souterraines. Il faudra au contraire, dans ces vignes, retenir les eaux le plus possible, car alors même que la vigne n'aime point ces terrains humides, du moins en ce qui est du phylloxera, s'il n'y a pas destruction de l'animal, il y aura du moins diminution et peut-être ajournement du mal.

VI

Sulfure de carbone.

Venons maintenant à l'avant-dernier des procédés sérieux employés aujourd'hui, et voyons de quelle utilité peut être le sulfure de carbone dans nos vignes, et de quelle manière il faut l'employer.

Une des premières idées qui a dû venir au chercheur intelligent, ayant bien étudié l'entomologie du phylloxera et désireux de sauver sa vigne, a du être d'empoisonner le sol, et par suite, l'insecte qui s'y trouve. L'idée, assurément, est juste, et l'on a été fondé à espérer beaucoup des procédés chimiques qui dégageraient dans la terre des vapeurs toxiques. Il ne fallait pas songer aux poisons solides qui, pour entourer toutes les racines d'un même cep, auraient nécessité de déchausser complétement ce cep. Les poisons liquides n'étaient pas davantage utilisables à cause de l'enduit hydrofuge dont le phylloxera est couvert, et des nombreuses bulles d'air qui, adhérentes aux racines, empêchent un contact immédiat. M. Girard affirme avoir retiré l'insecte vivant des solutions les plus vénéneuses composées de l'arsenic, du cuivre et du mercure, et nous voyons souvent les coléoptères des bouses liquides, vivre et prospérer dans les matières infectes qui sont leur domicile.

Le champ des recherches était donc cirronscrit, et il fallait chercher dans les gaz et les vapeurs seuls, les éléments d'une réussite suffisante pour envelopper l'insecte dans une atmosphère délétère où il serait maintenu quelques jours. Les insectes ont, en effet, cette particularité de pouvoir, en fermant volontairement leurs orifices respiratoires, résister pendant longtemps à l'asphyxie, grâce à l'oxygène emmagasiné dans leurs trachées et qui permet l'hématose.

L'acide cyanhydrique était assurément indiqué, à cause de la terrible puissance de son évaporation; mais son prix élevé, moins encore que le danger de sa manipulation, suffisaient pour l'écarter absolument.

Chacun sait qu'une goutte d'acide cyanhydrique, déposé sur l'œil d'un chien, foudroie instantanément le pauvre animal. Le cyanure de potassium, qui est la forme portative de ce terrible engin, est du reste compris dans la catégorie des poisons dont l'emploi est absolument réservé à la pharmacopée ou aux laboratoires.

L'eau de Javel dont le prix est minime, devait être écartée à cause de la rapidité avec laquelle le chlore de cet hypochlorite se combine avec l'hydrogène contenu dans le sol. L'acide sulphydrique produit par le sulfure de potassium, d'un prix fort modique, ne donne pas dans la terre les mêmes effets qu'à l'air libre. La benzine, le pétrole, l'éther, les phosphures, ne produisent pas non plus d'effets suffisants. Et si l'on consulte le rapport de la Commission de Montpellier (1872-1873) sur tous les procédés qui ont été proposés, tels que le sel le plâtre, le phosphore, la suie, le soufre, les cendres, les marcs de chaudière, etc., on verra que tous ont été éliminés comme tuant la vigne ou sans aucune efficacité.

Il fallait du reste tenir compte des diverses qualités du sol, car il est évident que si un gaz peut s'épandre avec facilité dans un terrain léger ou caillouteux, en y formant un milieu empoisonné, il n'en est plus de même dans des terrains argileux et forts où il n'aurait pas la moindre possibilité de pénétration.

Il était réservé au baron Thénard, de l'Institut, de préconiser l'usage du sulfure de carbone, et à M. Gastine de trouver le mécanisme du pal injecteur destiné à infecter le sous-sol. Chacun a vu quelque part le pal à sulfure, et il n'est point besoin d'en indiquer ici la construction, ni le fonctionnement.

Je crois bon toutefois, avant de critiquer le système, d'expliquer la manière dont il m'a le mieux réussi. J'ai pu conserver dans un certain état de santé des vignes très vigoureuses en opérant deux traitements par an, l'un en mars ou avril, l'autre en juin ou juillet avant la seconde poussée. Quatre trous de pal par mètre carré, ou un trou entre chaque cep dans les deux sens, me donnaient à raison de 10 grammes par trou pour la première fois, environ 30 grammes de vapeurs toxiques. C'était suffisant pour gêner l'ennemi, mais à plus forte dose, la vigne souffrait réellement, et 25 grammes au pied d'un cep le brûlaient radicalement.

Toutefois, le remède, bien que fort actif, est loin d'être radical, et le sulfurage de juillet est indispensable. Il ne faudrait du reste pas employer ces doses pour des vignes déjà bien affaiblies ou pour de jeunes plantiers, où 5 grammes par opération et par mètre carré seraient un maximum.

J'ai traité ainsi, et avec beaucoup de soin, des vignes très vigoureuses qui ont résisté et résistent encore, mais d'année en année baissent d'une façon assez sensible. Je ne crois pas que je puisse prolonger leur existence au-delà de cinq années, depuis le jour de l'invasion du fléau. J'ai traité également des vignes beaucoup plus malades et je me suis demandé souvent si je n'avais pas hâté par le sulfure leur dépérissement, n'ayant constaté aucune sorte de résultat appréciable, malgré toute la fumure qui leur avait été prodiguée.

Il est en effet de règle, toutes les fois qu'on sulfure une vigne, de la soutenir par une forte fumure de fumier d'étable ou de chlorure de potassium, après chaque traitement. Mais ce sur quoi je tiens à être très précis, c'est sur l'importance qu'il y a à sulfurer à dosage égal par mètre carré, quelle que soit la vigueur des plants. Aucun vigneron n'ignore que dans une vigne, les racines s'étendent dans tout le terrain, d'un cep à l'autre, et il n'est pas rare de voir dans de vieilles vignes, des racines de 4 à 5 mètres de longueur. On en voit quelquefois de 8 à 10 mètres qui sont allées chercher leur nourriture dans un sol voisin riche en engrais. Il faut donc faire attention qu'aucune portion d'une vigne atteinte, ne peut être considérée comme exempte du phylloxera, et le lacis inextricable de racines et de radicelles qui s'étend dans le sous-sol tout entier, offre un asile sûr à l'insecte qu'il faut détruire.

Il ne convient donc pas, comme on le fait communément, de se contenter de sulfurer entre chaque cep encore vivant; il faudra le faire autour des ceps morts, comme s'ils étaient encore verts, et poursuivre l'opération sur tous les confins de la vigne sans hésiter à produire la diffusion des gaz insecticides dans toute l'assiette de la vigne proprement dite. Ce point est des plus importants.

Au surplus, je ne crois pas utile de m'étendre davantage sur la manière de sulfurer la vigne. Il existe sur cette matière des brochures très bien faites et très détaillées auxquelles je renvoie le lecteur, après avoir résumé succinctement les conditions diverses d'une bonne opération :

1° S'assurer que le sulfure de carbone est de bonne qualité, en en faisant brûler la valeur d'un dé à coudre dans une assiette. Le résultat de la combustion doit être à peu près nul. Le sulfure frais et à peu près pur n'a pas une mauvaise odeur, comme lorsqu'il est déjà ancien, passé ou impur; il doit être à peu près incolore.

2° Ne sulfurer que lorsque la vigne ne pousse pas, c'est-à-dire en mars jusqu'au 15 avril, et avant la seconde sève, en juillet généralement.

3° Ne sulfurer que lorsque le terrain est sec.

4° Dans nos pays, généralement caillouteux, préparer toujours avec un avant-pal les trous où l'on devra injecter la dose de sulfure, afin d'éviter les explosions et ne pas détériorer l'instrument.

5e Boucher très rapidement et très hermétiquement chaque trou, après l'injection avec la tête d'un pal en fer.

6e Enfin, fumer énergiquement chaque année les vignes ainsi traitées, et décharger un peu les ceps à la taille.

Il n'est pas douteux, pour quiconque a pratiqué le sulfurage, que cette opération effectuée dans tous ses détails, constitue une dépense vraiment considérable qui, dans une vigne déjà un peu appauvrie, augmente singulièrement le prix de la récolte que l'on pourra y faire. Quant à moi, je ne crois pas possible, avec la nature de notre terrain et les pentes rapides de nos coteaux, de dépenser moins de 350 fr. par hectare, comme surcroît de sulfurage et de fumure. Et encore, dans bien des cas, ce chiffre sera dépassé, notamment dans le traitement d'été, où les trous sont presque impossible à faire, par la sécheresse.

On comprendra aisément, du reste, que mettre la vigne à l'hôpital indéfiniment dans un traitement au sulfure, ne saurait être une solution naturelle de la question. Et je ne puis mieux comparer ce traitement palliatif, qu'au traitement à l'arsenic d'un cheval poussif dont on veut quelque peu prolonger l'existence.

Ce traitement a un autre inconvénient, celui de ne pouvoir être applicable à tous les terrains. L'effet du sulfure qui s'évapore très rapidement, étant de remplir le terrain où il se trouve d'une athmosphère asphyxiante et délétère, il va de soi que le terrain doit être perméable et léger, pour que les gaz puissent y produire leur action. Tout terrain fort et argileux ne saurait être utilement sulfuré, la dose mise en terre restant dans son trou comme dans un godet bien fermé et ne produisant aucune évaporation. Il ne faut donc essayer du sulfure que dans des terrains bien divisés, légers et laissant rapidement écouler l'eau.

Mais pour moi, l'objection capitale que je me permets de faire contre le sulfure, préconisé pourtant jusqu'à aujourd'hui par des gens compétents, est de ne pas atteindre l'œuf d'hiver qui, en définitive, dans la gent phylloxera, est la véritable cause de tout le mal. L'œuf d'hiver, qui a été déposé à l'automne sous les exfoliations extérieures du cep, éclot aux premières chaleurs, et le sulfure de mars ne l'atteint pas. C'est l'individu sorti de cet œuf qui est pourtant le plus redoutable, puisque c'est lui qui renouvelle la fécondité prodigieuse de l'espèce. Et si nos vignerons veulent bien examiner vers le 1er avril le tronc des ceps, dans des vignes phylloxérées, ils y trouveront blottis des quantités de petits insectes noirâtres, qui sont bien réellement le phylloxéra issu de l'œuf d'hiver et que ne saurait atteindre le sulfure.

D'autre part, le traitement d'été n'atteindra pas non plus les individus qui viennent faire leurs mues successives, à la surface du sol, avant de constituer l'insecte ailé qui formera les essaims migrateurs, et de ce chef encore, malgré la vigueur du traitement, on laisse quantité d'ennemis, se moquant du poison qu'on a administré à leurs camarades vivant sur les racines.

Enfin, un traitement aussi compliqué, aussi dispendieux, nécessitant un matériel relativement coûteux, demandant une mise de fonds annuelle, n'est pas à la portée du petit propriétaire, du vigneron qui doit compter, et je ne saurais l'admettre que pour celui qui veut prolonger le plus possible l'existence d'une vigne encore bien portante ; convaincu du reste que s'il retarde le mal, ce qui est assurément quelque chose, il ne le retardera pas indéfiniment. Rien de plus naturel que de soigner un vignoble, afin d'en tirer le plus possible ; mais pour moi, cultiver une vigne avec tous les accessoires que comporte le sulfurage, c'est cultiver à perte.

S'il est donc possible d'espérer faire encore quelques récoltes sur un ensemble de ceps soutenus par le sulfure et le fumier, il serait téméraire de vouloir replanter à nouveau pour le moment, dans un pays phylloxéré, des cépages français, avec le projet de les préserver indéfiniment par le sulfure. Et telle est malheureusement l'erreur commise actuellement par bien des vignerons, qui, indécis ou incrédules, continuent carrément la méthode ancienne de replantation. Ils défoncent profondément, fument à outrance, obtiennent une admirable végétation pendant trois ans, et la quatrième année, au moment où il faudrait commencer à recueillir le fruit de leur labeur, les taches apparaissent, la vigueur baisse, et il faut sulfurer.

J'ai vu des plantiers exceptionnellement installés, fournir pendant quatre années des pousses superbes, et tomber subitement à ce point de les voir arracher dès la sixième année. Les radicelles très vigoureuses dès le début, avaient résisté avec succès dans un terrain meuble et riche en engrais. Mais le phylloxera, qui s'était multiplié à l'excès dans un milieu si favorable, en avait eu raison bien rapidement, et le sulfure ne pouvait remédier à cette destruction rapide.

Que conclure du système qui préconise la replantation des vignes françaises avec le bi-sulfurage annuel dès la première année et sans interruption, indéfiniment ? Sans parler des inconvénients que peut et que doit avoir une intoxication perpétuelle du terrain, je trouve que la vigne cultivée dans de semblables conditions n'est plus une culture ordinaire, mais bien une culture de luxe qui ne saurait convenir à nos pays, où chaque propriétaire considère la vigne comme un accessoire important de son travail, mais qui ne peut détourner à son profit toute son épargne et toutes ses sueurs.

Pour exister utilement et sûrement, la vigne doit être une culture ordinaire, l'ancienne culture ; et c'est vers ce but que nos recherches doivent tendre très opiniâtrement. Tout ce qui se rapprochera de l'ordre de la nature, a des chances de réussite, tout ce qui s'en éloignera ne pourra être qu'un palliatif coûteux et insuffisant.

Il devait, dans cet ordre d'idées, être intéressant d'examiner ce que le greffage de nos cépages français sur cépages américains, résistant au phylloxera, devait produire comme résultat, et c'est la série d'expériences faites dans ce but, que je me propose d'examiner dans le plus grand détail. Les résultats obtenus depuis 15 ans, dans le Midi, sont réellement merveilleux, et notre région offre déjà de nombreux exemples de reconstitution qui ne laissent rien à désirer.

VII

Cépages américains.

Ce fut M. Laliman, de Bordeaux, qui le premier, vers 1869, signala la résistance au phylloxera des vignes américaines, et depuis lors, il se produisit un mouvement extraordinaire d'étude et d'expérimentation dans ce sens. Les travaux faits par toutes les sociétés d'agriculture, les comités viticoles et les particuliers, pour arriver à une solution pratique, furent longs, compliqués, souvent infructueux ; mais grâce à la persévérance des uns et à la science éclairée des autres, on arriva au but tant désiré, et l'on peut dire aujourd'hui que le but tant cherché est atteint et que le succès le plus complet est enfin venu couronner tant d'efforts.

Depuis longtemps déjà, il existait en France des collections de cépages américains, cultivés les uns pour la qualité ornementale de leurs feuillages et la rapidité de leur développement, les autres pour leurs fruits. Il n'est personne dans nos pays qui n'ait vu quelque part l'*Isabelle*, dont les rameaux atteignent souvent 20 à 25 mètres de long, tous plus chargés les uns que les autres d'un raisin musqué, agréable au goût. Et tous nos jardins botaniques possédaient des échantillons de *Catawba*, d'*Eumelan*, d'*Alvey*, d'*Oporto*, etc...

Dès que la résistance au phylloxera des diverses variétés américaines fut signalée, on se préoccupa de les classifier avec soin, car leur bois, leur feuillage, leur fruit présentaient des caractères tellement à part, même sous les apparences d'une ressemblance parfaite, que les erreurs se multipliaient à chaque pas. On se trouvait en présence d'un nombre considérable de familles, d'*espèces* différentes, tandis que jusqu'alors, en Europe, on n'avait eu à faire, comme culture de vignobles, qu'à une seule *espèce*, embrassant un millier peut être de *variétés* diverses, mais toutes ayant le même point de départ et formant la famille des *vitis vinifera*. Il ne faut pas confondre, comme on le fait communément, l'*espèce* qui est une famille absolument déterminée et circonscrite, avec la *variété* qui n'est qu'une forme particulière de l'espèce, produite par le semis, soit par un accident qu'on a pu fixer par la greffe ou le bouturage. C'est à cette dernière catégorie que se rattache le *raisin panaché*, si curieux par sa production sur le même cep de grappes noires, de grappes blanches et de grappes panachées des deux couleurs.

Le sélectionnement des cépages américains connus a ramené tous les types à cinq espèces principales, plus intéressantes que les autres pour le travail qui nous occupe.

1° *Vitis labrusca* dont les principales variétés sont l'*Isabel*, le *Concord* et l'*York's Madeira*. C'est l'espèce produisant le *Raisin à renard* ou à goût foxé.

2° *Vitis æstivalis* ou raisin d'été, dont toutes les variétés sont hybridées : les principales sont l'*Herbemont*, le *Cunningham*, le *Cynthiana*, le *Jacquez*, etc.

3° *Vitis cordifolia* ou raisin d'hiver, ayant donné comme variété, le *Clinton*, le *Vialla* et très-probablement l'*Oporto* et le *Solonis*.

4° *Vitis riparia* ou raisin des rivages, se subdivisant en *tomenteux*, *géant*, *Fabre*, etc., mais affectionnant toujours les terrains légers, profonds, le bord des rivières où il prend de colossales proportions. Le *Taylor* semble être un riparia.

5° *Vitis rupestris* ou raisin des rochers, qui affectionne les terrains rocheux, caillouteux et sablonneux, bien qu'il réussisse également dans les terrains argileux.

Je ne crois pas utile de parler des quelques centaines de variétés ou d'espèces découvertes nouvellement, car l'expérience prouve malheureusement que l'amour du gain amène souvent les producteurs et les pépiniéristes à lancer dans le commerce de soi-disant nouvelles espèces qui ne sont que des variétés de familles déjà connues, et qui ne valent pas mieux qu'elles. On peut même dire que si, à une certaine époque, un discrédit mal fondé assurément, s'est glissé sur les bonnes espèces américaines, c'est parce que trop souvent le propriétaire a été trompé par le producteur, qui ne craignait pas de livrer à bas prix une marchandise sans valeur, sous le nom d'une variété réellement bonne, mais introuvable précisément à cause de ses qualités.

On ne peut pas nier du reste que, dans les débuts, la méthode d'expérimentation n'ait été fautive. Au lieu d'essayer les vignes américaines simultanément et d'une manière réellement comparative, dans des terrains différents, des expositions variées, et des latitudes diverses, beaucoup de viticulteurs n'ont essayé qu'une ou deux espèces, et sans se donner le temps de fixer par une étude approfondie la valeur de leurs sujets, ils les ont bien vite abandonnés, pour courir à d'autres nouveautés qui leur semblaient meilleures, plantant à tort et à travers, sans méthode, et sans pouvoir établir la valeur relative et la valeur absolue de chaque cépage. De plus, la culture dans un jardin n'était pas la grande culture, et l'on était trop porté à traiter comme nos anciennes vignes européennes, des vignes d'un caractère absolument différent et dont on ne connaissait guère les habitudes. Et parce que tel cépage était répandu et recherché aux Etats-Unis, on se figurait qu'il devait absolument réussir chez nous, sans faire attention que les climats étaient trop dissemblables pour que les choses se passassent avec la même analogie dans des milieux si différents. On oubliait aussi que toutes nos vignes appartenaient à la même famille, *vitis vinifera*, tandis que les vignes exotiques, appartenant à des familles variées, avaient des habitudes et des exigences absolument différentes des nôtres.

En un mot, pour arriver rapidement à la solution décisive, il eût fallu expérimenter toutes les variétés des familles américaines, dans des sols divers, et dans des expositions différentes, pour conclure d'une manière efficace, et ce ne fut que lorsque cette méthode fut suivie que l'on eût des renseignements certains. Aujourd'hui encore, pour le grand comme pour le petit propriétaire, la question d'adaptation au sol est capitale ; et un viticulteur ne peut replanter ses vignes à coup sûr qu'autant que par avance il aura essayé, dans ses divers terrains, de petites quantités des principales espèces, pour s'arrêter définitivement à celles qui lui auront donné les meilleurs résultats.

Chacun sait qu'on ne plante pas indifféremment un noyer dans le même terrain qu'un platane, et que tel sol qui conviendra bien à un poirier ne conviendra pas peut-être à un pêcher. On ne devait donc pas s'étonner si le *Riparia* américain ne se convenait pas et dépérissait dans un terrain argileux, tandis qu'il devenait superbe dans un terrain léger et profond, et si le *Vialla*, qui végétait dans une terre sablonneuse, reprenait toute sa vigueur dans une terre forte.

Qu'arriva-t-il au surplus, de ces études incomplètes faites au début, et de ce défaut d'adaptation au sol ? De nombreux insuccès, qui firent dire à tous ceux qui jugeaient superficiellement l'effet et la cause, que « l'américain crevait comme le reste. » Et quand on voyait « crever l'américain » absolument comme les vignes françaises qui étaient à côté, on ne manquait pas de dire que le phylloxera mangeait les unes comme les autres, et l'on replantait tranquillement du Gamey ou du Mionnay, du Monmélian ou du Rossat.

J'eus l'occasion, il y a quelques années, de me rendre compte de l'importance de l'adaptation au sol du plant américain, au point de vue de la réussite. Un vigneron dont les vignes étaient toutes mortes du phylloxera, se plaignait un jour, en chemin de fer, à ses compagnons de voyage, du terrible fléau qui l'avait ruiné ; et l'un d'eux lui raconta merveille des résultats qu'il avait obtenus en reconstituant ses vignes avec le York's Madeira greffé. Le vigneron incrédule voulut voir de ses yeux et fut si émerveillé de la vigueur et du bon état de cette plantation, en rapport depuis trois à quatre années, qu'il se mit de suite à la besogne et planta, dans un terrain léger, près de trois bicherées de York dès la première année. Les ceps reprirent assez bien, mais la végétation fut maigre dès la seconde feuille, les greffes manquèrent, et, malgré tous les soins, les York étaient absolument morts en quatre ans. Grand fut le désespoir du vigneron qui reconnut, mais trop tard, que le sol ne convenait pas à ses élèves, tandis qu'une centaine des mêmes ceps qu'il avait mis par hasard dans une autre vigne, de terrain plus fort, étaient absolument luxuriants et prospères.

Combien ont échoué pour le même motif! Combien ont mis sur le compte du phylloxera ce qui ne devait être attribué qu'à leur propre ignorance! Et que n'entend-t-on pas dire partout, encore aujourd'hui, à bien des gens, que l'on n'ose pas replanter en américains, parce que le phylloxera mange l'américain comme le français? Il n'en est pas moins vrai que des milliers d'hectares, aujourd'hui, sont replantés en vigne américaines, greffées ou non greffées, que le nombre en augmente chaque année, et que tous ceux qui ont su faire chez eux les expériences préparatoires nécessaires pour adapter le cépage au sol, font du vin ou sont à la veille d'en faire, tandis que les incrédules ou les insouciants cultivent à grand'peine des luzernes ou des esparcettes dans des coteaux ou la charrue ne peut même pas servir. La routine est là, et pour rien au monde on ne voudrait admettre une nouvelle méthode de viticulture. On entendra même dire communément : « La vigne américaine est une blague... moi, je replanterai du plant ordinaire, jusqu'à ce qu'il n'y ait plus de phylloxera ! » Ce pourrait bien être là le comble de la patience...

Le temps est venu pourtant où les essais sont suffisamment probants, les résultats suffisamment certains, pour que chacun commence à replanter, par petites quantités tout au moins. Quinze ans d'expérience et de succès dans le Midi, doivent ouvrir les yeux même aux plus incrédules ; et notre arrondissement, si bien doté au point de vue de l'assolement et des expositions, ne doit pas rester en arrière de ces départements qui, moins laborieux que le nôtre, ont su pourtant, dès les premiers jours, montrer une véritable énergie dans la reconstitution de leurs vignobles.

Pour convaincre le vigneron des progrès accomplis dans cette grande œuvre vraiment nationale, et l'encourager dans cette voie, il ne sera peut-être pas inutile d'examiner le chemin parcouru depuis le début de la tentative jusqu'à aujourd'hui. Ce chemin peut se diviser en cinq périodes :

La période d'expectative comprend tout ce qui a été observé jusqu'à 1870, date de l'invasion sérieuse du phylloxera.

La période d'expérimentation comprend les essais tentés avec le *Clinton* et le *Concord*, et va jusqu'en 1874.

La période de résistance comprend les succès obtenus avec les *Cunningham*, les *Herbemont*, etc... 1876 à 1878.

La période de production directe comprend les observations faites avec les *Jacquez*, l'*Othello* et va jusqu'en 1880.

La période de greffage qui semble être le dernier mot de la question, s'applique surtout aux résultats merveilleux obtenus avec les *Vialla*, *Riparia*, *Rupestris*, etc.

En examinant toutes ces périodes, j'espère faire voir, par les résultats obtenus, que nous sommes bien près d'arriver, si nous n'y sommes déjà, dans la dernière période, qu'il sera plus consolant d'appeler période du succès définitif.

VIII

Porte-greffes et Producteurs directs.

En ce qui concerne la période d'expectative, c'est-à-dire la période de première étude des cépages américains, il est un point qui domine tout le débat, à savoir qu'en Amérique, où le phylloxera était connu depuis longtemps, on ne trouvait l'insecte que sur les feuilles et très-rarement sur les racines. Ce fait seul indiquait d'une façon surabondante, combien le redoutable animal goûtait peu les radicelles coriaces de ces vignes sauvages, et combien il leur préférait la feuille, plus tendre, et où sa présence ne produisait guère d'autres ravages que des *galles* très apparentes, mais sans résultat fâcheux.

En revanche, et fait bizarre, sur les variétés françaises importées aux Etats-Unis, on retrouvait le phylloxera sur les racines et point ou presque point sur les feuilles.

De ces observations à l'idée d'employer le cépage américain comme porte-greffes et le cépage français comme porteur de fruit, où à rechercher les meilleurs producteurs directs, il n'y avait évidemment qu'un pas. Aussi, quand on étudia en France, l'entomologie du fléau, ce fut naturellement de l'Amérique que nous arrivèrent les premiers et les plus intéressants documents. L'étude était même complètement achevée aux Etats-Unis, grâce aux Arnold, aux Campbell, aux Buchanon, etc.

Les essais de greffage de nos plants européens ne devaient pas réussir aux Etats-Unis, nos cépages s'accommodant mal de ce climat froid et humide en hiver, torride en été, et ne pouvant prospérer sous les pluies torrentielles qui, d'avril à septembre, sous cette latitude, les faisaient moisir et pourrir. Il fallait revenir aux producteurs directs indigènes, et dès lors, tout adaptés au climat pour lequel ils étaient faits.

Le plant direct qui tomba de suite en faveur, fut le *Catawba,* dont la production était telle qu'on ne craignit pas de dire que l'introduction dans les cultures de l'Amérique du Nord de ce cépage, avait été plus avantageuse que le remboursement de toute la dette nationale. Avec le Catawba, les Américains firent un champagne qu'il ne vendaient pas moins de 5 fr. la bouteille.

Dès 1830, l'Amérique possédait 80 variétés de producteurs directs. En 1859, elle en avait près d'un mille, et les vignobles de Catawba, de Norton's, d'Herbemont, de Lenoir, produisaient par an plus de 100,000 hectolitres de vin.

Le *mildew*, la moisissure firent de grands ravages dès 1870, dans toutes ces vignes, favorisés qu'ils étaient par cette humidité constante, spéciale à l'ouest des Etats-Unis, et l'on se mit à planter du *Concord*. En 1880, la Californie seule produisait près de 600,000 hectolitres de vin américain.

Lorsqu'en 1870, on songea aux plants américains en France, on avait donc déjà, derrière soi, une expérience de quarante années, faite par les Américains, dont la production vinicole avait été énorme, et il y avait bien là de quoi être encouragé dans la voie de l'imitation. Il fallait cependant prévoir que les climats des deux pays étant absolument dissemblables, ce ne pouvait être que par l'expérience de l'adaptation qu'on arriverait à la sélection des variétés ou espèces convenant à nos terrains et à notre latitude. Il ne faut donc pas s'étonner que dans les centaines de variétés que nous envoya alors le Nouveau-Monde, et qui furent plantées à l'envi, n'importe où et n'importe comment, dès qu'on les reçut, il n'y eût bien des mécomptes. Comment espérer en effet, que du premier coup, ce qui réussissait bien en Californie ou dans le Connecticut, réussirait parfaitement du premier coup, soit dans l'Hérault soit dans la Gironde? Aussi, bien des viticulteurs qui croyaient tenir le succès, sans même s'en donner la peine, se virent-ils trompés dans leur attente, et, faute de patience et de travail, échouèrent et devinrent, sans trop savoir pourquoi, des détracteurs quand même des cépages américains.

C'est ainsi que les premières cultures dans le Gard, faites avec le *Clinton* et le *Concord* suscitèrent bien des discussions ; ceux qui avaient réussi, les défendant, et ceux qui les avaient mal adaptés au sol, les critiquant à outrance. Cette petite guerre viticole eut même son bon côté, puisqu'elle poussa aux innovations et aux études multiples d'où sortirent les essais faits avec le *Cunningham*, le *Jacquez*, le *Vialla*, l'*Othello*, le *Riparia*, etc...

Les comités de viticulture multiplièrent les réunions et les champs d'étude. On arriva rapidement à sélectionner les variétés au point de vue de la résistance des racines au phylloxera, et ce point était le premier élément important, et peut-être la seule indication précise que puissent donner les écoles et les réunions viticoles. La question d'adaptation au sol, qui était le second élément d'étude, ne pouvait relever utilement que du propriétaire lui même, du vigneron qui devait évidemment, avec les cépages qui lui étaient signalés comme résistants, examiner ceux qui réussissaient le mieux dans les terrains dont ils disposaient.

Le secret, en effet, de la réussite, est tout entier dans ceci-que nous ne devons plus dorénavant *planter tel ou tel cépage amé-*

ricain, sans nous être préalablement rendu compte que le terrain de la plantation était susceptible de lui convenir. Et si les *Clinton* et les *Concord* ont eu un moment de défaveur, il faut l'attribuer uniquement à ce que les cultures en avaient été faites dans des terrains peu propices, tandis que le *Jacquez* et le *Riparia*, qui étaient plus appréciés, ne devaient cette faveur qu'à ce que, moins délicats sur la nature du terrain, ils réussissaient mieux que les premiers, quel que fût le sol où on les plantât.

Ce fut le Clinton qui fut d'abord le plus répandu dans le Midi, et les Américains prétendent que le vin de *Clinton* est comparable à nos vins de Bordeaux. J'eus l'occasion en 1879, d'en boire qui provenait de chez M. Barral, à la Moure, et qui était parfait quant au cépage en lui-même, si on l'eut traité en treille et à taille longue, dans un sol lui convenant, on n'eut pas eu tous les déboires dont on s'est plaint. Les splendides cultures de Clinton que l'on peut visiter dans le Gard ou dans l'Hérault, prouveront, mieux que quoi que ce soit, que le Clinton est un excellent producteur, tout en étant un excellent porte-greffes.

Dans notre région, il serait prématuré de l'employer comme direct, mais comme porte-greffes, je possède de superbes échantillons de végétation française sur Clinton dans des plantations remontant à six ans.

Quant au *Concord*, partout où on lui a

donné le sol qui lui convenait, il a merveilleusement réussi, comme direct. Mais il ne faut pas l'oublier, toute vigne sauvage aime la taille longue; et vouloir la tailler courte c'est l'exposer à dépérir complètement.

Le Concord cependant, à tout prendre, serait le cépage qui supporterait le mieux la taille courte. Quant à son vin, j'en parlerai plus tard.

Tels sont les premiers essais faits en France jusqu'en 1874, et qui, assurément, devaient encourager les chercheurs dans leur œuvre de résistance.

On ne s'en tint pas à quelques variétés seulement dans l'étude des plants résistants au phylloxera, et l'Amérique nous envoya presque en même temps les *Herbemont*, les *Cunningham*, les *Norton's Virginia*, les *Taylor* qui furent tour à tour expérimentés comme producteurs directs ou comme porte-greffes de nos cépages français. Un grand nombre de ces plantations réussirent, d'autres manquèrent le plus souvent faute de bonne adaptation au sol, mais il n'en resta pas moins un classement sérieux des plants américains suivant leur mérite. Presque toutes ces variétés ont été ou sont actuellement essayées dans nos terrains.

Le *Norton's Virginia*, produit en Amérique un vin délicat et fort estimé, ainsi que le *Cynthiana* qui rappelerait les bons crus du Bourgogne. Dans le Midi, ces plants qui, je crois, n'en font qu'un, n'ont bien réussi que dans les terrains graveleux et calcaires, et on ne les a pas propagés. Nous devons les considérer comme plants d'étude pour nos pays, jusqu'à nouvel ordre, et les essayer par petites quantités avec soin, car, dans la Drôme, le *Cynthiana*, montre une vigueur et une exubérance de bonne augure pour notre région. Jamais la moindre trace d'Oïdium, d'Anthracnose ou de Peronospora. En grande culture, sans échalas, ni fils de fer, avec une taille longue, il a donné à M. Champin, de Salettes, plus d'un kilo de raisins superbes, par cep, soit par hectare de 5000 souches, environ 40 hectolitres d'un vin qui est incontestablement le plus riche et le meilleur des colorants.

Le *Cunningham*, très-peu difficile sur le terrain, a une maturité tardive et ne semble pas devoir devenir un producteur direct, mais il promet d'être un bon porte-greffes, surtout pour nos chasselas. Ce plant est à conserver et devra être taillé très-long par ceux qui voudront le faire fructifier.

L'*Herbemont*, qui est aussi un œstivalis, est très apprécié des américains, et partout où on pourra le mettre dans le terrain qui lui convient, il sera un bon producteur direct si on le développe sous de grandes formes à la taille, en même temps qu'un excellent porte greffes. Les sols marneux sont favorables à ce cépage, qui est du reste aussi résistant que le *Cunningham*.

Je laisse de côté, pour y revenir d'une manière spéciale, parmi les producteurs directs noirs, le Concord, l'Othello et le Senasqua, et je crois utile de signaler ici ceux, parmi les autres, qui doivent être acclimatés et cultivés chez nous.

Le *Bacchus,* un hybride de Riparia, possède, comme son nom l'indique, une végétation vraiment américaine. Il a besoin, pour atteindre toute sa fertilité, d'une taille excessivement longue qui modère et utilise, par une fructification extraordinaire, son exubérante végétation. La grappe est serrée, ailée, moyenne de grosseur ; le grain, d'un rouge foncé, donne un moût d'environ 12 degrés gleucométriques. Le goût du vin est agréable.

Le *Black Pearl,* qui du reste peut rivaliser comme porte-greffe avec le *Vialla,* est fertile comme fruit et donne un vin noir comme de l'encre. La grappe est petite et mûrit vers le 10 octobre. Le goût est un peu foxé, mais nullement désagréable.

Tous les *Bottsi,* quel que soit leur nom de baptême, sont des plants précoces. Chez M. Bender, près de Villefranche, les raisins en sont mûrs à la mi-septembre. La grappe est grande, le grain petit, de couleur rouge clair ; et le goût excellent est celui de nos raisins français.

Le *Brant*, qui mûrit également du 10 au 15 septembre en moyenne, est des plus vigoureux et des plus fertiles. Le jus d'un beau rouge sang, marque souvent 14 degrés au gleucomètre. C'est peut-être le plus alcoolique des producteurs directs noirs.

Le *Canada*, qui semble être comme le *Brant*, issu du *Clinton*, donne comme lui un grand nombre de grappes à grains noirs, ronds et recouverts d'une efflorescence pruineuse caractéristique. Le vin de l'un et de l'autre est excellent, avec un bouquet agréable et une couleur franche. L'école de Montpellier, qui a étudié ces deux plants depuis longtemps, les donne comme très-résistants tous deux. Le *Brant* serait plus précoce que le *Canada*, mais tous deux semblent être du plus grand avenir.

Le *Clinton*, bien assis, dans un terrain lui convenant, doit être, en dépit de tout ce qu'on en a dit, un excellent producteur direct. Il en existe dans la Drôme et l'Ardèche, de nombreuses plantations qui ont parfaitement réussi. J'ai dit précédemment que le vin, dont le moût a 13 degrés, était excellent après la cuvaison et un ou deux soutirages. Très-bon porte-greffe en même temps, il réunit toutes les conditions requises pour prendre place dans nos vignes. Toutefois, il ne faut pas le confondre avec le *Vialla*, avec le bois duquel il offre une grande analogie.

Le *Cornucopia* montre une vigueur exubérante dans tous les terrains. Son feuillage est d'un vert très-foncé, son fruit très-précoce et son vin très-franc de goût d'un rouge vif donne souvent 13 degrès gleucométriques.

J'ai suffisamment fait l'éloge du *Cynthiana,* frère du *Norton's Virginia,* pour ne pas y revenir. Il faut noter pourtant, qu'outre la délicatesse et le parfum exquis de son vin, qui le met en ligne avec les vins de Bourgogne, cet œstivalis a l'avantage, tout en murissant fort bien, de ne débourrer que très-tard, ce qui le rend précieux contre les gelées.

L'*Herbemont,* déjà nommé et appelé *sac à vin* aux Etats-Unis, est excessivement productif dans un sol calcaire, chaud et un peu pauvre, exposé au midi. Dans les terrains trop riches, il devient délicat, fait trop de bois et paraît moins fertile. Les grappes sont énormes, le grain petit et la peau mince. Le liber uni et dur de la racine le rend très-résistant. Ce plant tient de plus en plus la meilleure place dans les producteurs directs, à cause de sa vigueur, de sa fertilité et surtout de la finesse de son vin. Il ne craint ni le mildew, ni l'outracnose, ni la carie noire.

L'*Huntingdon,* précédemment classé dans les Cordifolia, ne doit être qu'un hybride de Rupestris et Riparia. Il est le plus précoce de tous les directs et se vendange dans la Drôme, fin août. Sa végétation est vigoureuse, saine et très-fertile; la grappe petite et extrêmement vineuse; le vin très-franc et très-coloré.

Le *Taylor* offre de nombreux caractères de ressemblance avec le *Clinton*, mais dans nos pays, il est sujet à la coulure. D'un caractère très-rustique, de feuilles très amples, ce cépage peut être employé comme porte-greffes dans les mauvais terrains; il est en effet presque aussi bon que le *York's-Madeira* qui de tous les porte-greffes est, ce semble, le premier. Nous devons planter du *Taylor* dans nos vignobles, car il est aujourd'hui l'un des américains les moins discutés, et c'est sur ce plant que Mme la duchesse de Fitz-James a greffé ses splendides plantations de St-Bénézet qui sont les plus considérables du monde entier.

Le *Secrétary* jouit en ce moment, auprès de ceux qui l'étudient, de la plus grande faveur, qui paraît du reste fort bien justifiée. Qui sait si ce plant issu du *Clinton* et du *Muscat* de Hambourg, ne deviendra pas le premier des hybrides à grande production? En tout cas, vigueur, fertilité, précocité et qualité, le *Secrétary* réunit tout. Il est tellement fertile, dit un de ceux qui l'ont le mieux suivi, M. Champin, que les faux bourgeons qui poussent sur vieux bois et même les gourmands qui sortent de terre, se couvrent de raisins. En tous cas, il prospère même dans les terrains les plus argileux, et son vin, dont le goût est très-franc, bien qu'avec un léger et agréable bouquet de Muscat, est un vin excellent.

Il faut citer enfin, pour clore cette longue série de producteurs noirs, le *Black Defiance.* Obtenu dans un semis de Concord, ce plant promet monts et merveilles. On le considère comme le pendant en raisin noir du *Triumph.* Il est de fait qu'il se présente comme le plus beau des raisins de table, et qu'il produit un vin d'un rouge vif et d'un goût excellent. La fertilité est excessive.

Au cours de ces études diverses, on ne manquait pas d'examiner avec soin la qualité des vins fournis par les cépages américains, et bientôt les aptitudes vinifères du *Jacquez* et de l'*Othello* furent mises en relief. De 1877 à 1880, on se tourna avec une sorte d'acharnement vers la production directe qui était une simplification du problème à résoudre. Il paraît difficile de conclure à quelque chose de définitif pour ce qui concerne notre région, car la question d'exposition et de sol semble être pour beaucoup dans la quantité et la qualité du vin produit. Pourtant, deux autres variétés semblent pouvoir dès aujourd'hui être adoptées chez nous pour la grande culture à côté du *Jacquez* et de l'*Othello*. Ce sont le *Concord* et le *Senasqua*. Ces quatre cépages demandant à être étudiés séparément, il convient d'énumérer auparavant les autres producteurs directs sur lesquels on est suffisamment fixé aujourd'hui.

Pour la table, les producteurs directs blancs, réussissant bien dans notre climat, pourvu que le terrain leur convienne, sont le *Duchess*, le meilleur de tous, aussi bon et aussi fin que nos meilleurs raisins français, le *Naomi*, l'*Irving*, le *Triumph*, dont le goût spécial n'a rien de commun avec le Foxiness des *Concord*.

Avec le *Triumph*, le *Noah*, l'*Elvira* et le *Delaware*, on peut faire d'excellents vins blancs, et tous ces cépages, très résistants sont en même temps, très fertiles. Le *Lady Washington* et l'*Etta* qui n'est du reste qu'un semis d'*Elvira*, sont recommandables pour leur fertilité.

Il existe encore quelques producteurs directs pourpres, roses ou gris, qui ne sont pas sans mérite, comme le *Télégraph*, l'*Agawan*, l'*Aminia*, le *Cuningham*, etc., mais le *Delaware*, l'*Emily* et le *Berkmans* sont ceux qui donneraient, en vins rosés, les vins les meilleurs, capables assurément de contenter les palais les plus difficiles.

Notons en finissant cette nomenclature : 1° que la plupart des producteurs américains offrent cette curieuse particularité, que plus les vignes vieillissent, plus les grappes et les grains augmentent de dimension et de grosseur ; 2° que la plupart perdent, par les soutirages, les bouquets plus ou moins désagréables de leurs raisins. Ces deux points sont fort importants.

Il est facile de voir, par la longue nomenclature précédente, ne contenant du reste que les principales variétés, que la gamme des producteurs directs se varie presque à l'infini, comprenant les maturités les plus précoces et les plus tardives, les moûts les plus alcooliques et les plus colorés, comme les plus faibles et les moins chargés. La grande préoccupation de celui qui plante doit être préalablement d'essayer les divers plants par dix ou par vingt, dans les sols destinés à redevenir vignobles ; à moins que, à sa portée, il ne se trouve déjà diverses installations, où les essais aient déjà été faits, et où il n'aura qu'à comparer pour se décider.

IX

Othello, Senasqua, Concord.

I.

Hâtons-nous maintenant de parler de l'*Othello* et de ses similaires, pour clore l'étude des producteurs directs par les plus intéressants et les plus utiles, au moins quant à présent.

L'*Othello*, au dire de bien des viticulteurs est de deux sortes, l'un à feuilles mates, glabres, « boursouflées » et à goût très foxé; l'autre à feuilles vernies, lisses, et à goût franc et agréable. C'est évidemment de ce dernier dont je veux parler pour nos pays, bien qu'il ne soit pas toujours facile de se procurer du véritable *Othello*. Ce cépage, qui est un hybride au premier degré, accuse une parenté très-rapprochée avec nos vignes européennes, et c'est là le point délicat au point de vue de la résistance au phylloxera. Obtenu par un semis de *Clinton* dégénéré, dont les fleurs ont été fécondées par le pollen du *Frankenthall*, vieux plant européen, l'*Othello* tient de son père la fertilité, la grosseur de la grappe et des grains, et la belle couleur presque violette du vin, bien que le degré gleucométrique ne soit guère que 9° ou 10° au plus. Mais le côté maternel pèche, parce que nous ne trouvons plus ici l'*Œstivalis*, de beaucoup certainement plus résistant.

Quoi qu'il en soit, l'*Othello* a fait ce qu'aucun cépage américain jusqu'ici n'avait pu faire, car à lui seul il a plus fait pour l'implantation de la vigne américaine que tous les livres, toutes les conférences sur ce sujet. Tous les vignerons qui ont vu une vigne d'*Othello* couverte de ses énormes et innombrables raisins noirs, et qui ont goûté de son vin, se sont mis à planter et à force pour obtenir le même résultat. Devant les ceps pesamment chargés que chacun peut aller admirer chez M. Gaillard, à Brignais, on reste ébahi de la vigueur, de la belle tenue et du rendement de ce cépage. La récolte faite par ce viticulteur, en 1885, n'est pas inférieure à 150 pièces de vin, et M. Champin, un autre préconisateur de l'*Othello*, ne vend pas ce vin moins de 50 francs l'hectolitre pris sur place, soit 110 francs la pièce récolte 1885.

L'*Othello* a montré jusqu'ici dans nos terrains et sous notre climat, les meilleures dispositions, prospérant dans le sol le plus argilleux, comme dans le sol le plus léger, mais il aime les côteaux où il mûrit plus également et où il craint moins l'humidité. Ce plant reprend de bouture avec une très-grande facilité, et l'installation d'une vigne d'*Othello* est absolument la même que celle d'une vigne française, sauf qu'il faut planter au moins à 120 sur 100, et ne pas hésiter à tailler long. La culture sur fils de fer avec la taille Guyot dans un terrain riche, donne des résultats vraiment extraordinaires.

Le Gard, l'Hérault et la Gironde ont déjà de grandes plantations d'*Othello*. Le Rhône et l'Ain en possèdent aussi de fort belles, et partout jusqu'ici dans notre région il prospère, bien qu'il ne soit pas indemne du mildew, et qu'on rencontre assez souvent du phylloxera sur ses racines. Particularité très étrange : ce cépage, qui dans les pays chauds donne un vin dont le goût est assez foxé, produit au contraire dans nos régions plus tempérées un vin beaucoup plus franc et très-agréable à boire. Toutefois, il ne faut pas dissimuler que les *Othello* plantés en 1876, à l'école de Montpellier, et qui restèrent fort beaux pendant quelques années, devinrent médiocres par la suite. Je ne considère pas, toutefois, cet échec comme bien probant, le sol où cette plantation fut faite étant de mauvaise qualité ; la végétation très-vigoureuse d'ordinaire de ce plant, le met à même de résister très-sérieusement au phylloxera, pourvu toutefois qu'il soit planté à grandes distances, et taillé long.

Il n'est pas inutile de noter une disposition toute spéciale qui ne se rencontre guère que sur l'Othello. On sait que sur les branches de la vigne, les grappes et les vrilles sont toujours opposées aux feuilles et placées en regard de celles ci. Le plus souvent, on les trouve par deux à la suite avec une place vide, c'est-à-dire, avec une feuille sans grappe ou vrille opposée. Cette disposition, qui se retrouve chez tous les cépages européens sans aucune exception, est le plus souvent aussi la règle sur les plants américains. En étudiant avec soin l'*Othello*, on trouve des différences très-caractérisées. Quelques rameaux suivent la règle commune, tandis que d'autres portent des vrilles se suivant sans alterner par 5, 6 et plus, ce qui se voit aussi sur tous les *Labrusca*. Comme il est reconnu aujourd'hui que parmi les cépages américains, ce sont ceux dont les rameaux sont à vrilles continues ou n'alternant qu'à de rares intervalles, qui produisent les raisins à goût foxé et désagréable, il parait probable que les rameaux d'*Othello* à vrilles régulièrement intermittentes comme sur les rameaux français, c'est-à-dire, se suivant deux par deux avec une place vide au milieu, produiront des raisins dont le goût ne sera plus du tout foxé ! L'expérience est facile à faire, et par le sélectionnement des chapons, on arriverait à améliorer encore davantage la qualité du vin, déjà bien appréciée, et l'un des premiers parmi les vins américains. De plus, le goût plus ou moins foxé étant bien plus dans la pulpe et le pédoncule du grain que dans le jus lui-même, il y aura lieu d'étudier l'utilité qu'il pouvait y avoir à égrapper le fruit, à le *fracher* pour employer l'expression vulgaire usitée dans l'est, avant de le mettre dans la cuve.

J'ajoute pour compléter la description de ce précieux hybride, que le prix de l'*Othello* en 1885-86, a varié suivant la qualité du bois de 90 à 140 francs. Les premiers choix racinés valaient 300 francs. Etant donnée la facilité avec laquelle le vigneron peut, une fois les premiers achats faits, s'ensemencer de ce plant, ces prix sont relativement modérés. D'autant que l'*Othello*, j'en ai la conviction, est appelé à rendre le courage à nos cultivateurs, en même temps qu'il rendra le vin à leurs cuves et à leurs pressoirs. Le considérer comme la restauration définitive de nos vignobles serait prématuré, et le dernier mot de la reconstitution de nos vignes n'est pas là; mais il faut encourager le plus possible la plantation de cet excellent cépage, qui nous permettra d'attendre, en buvant *du vrai vin*, généreux et agréable, facile à obtenir, le moment où nous pourrons, une fois le terrain reposé, remettre dans nos coteaux nos anciens plants de pays greffés sur américains. Car, nous ne pourrons nous séparer facilement du vin spécial à notre terroir, et il faudra bon gré mal gré y revenir.

II

Si l'*Othello* paraît devoir être le régénérateur momentané de nos coteaux, le *Senasqua* sera, lui, le producteur par excellence, dans les terrains de plaine, profonds, frais et pas trop argileux. Hybride, originaire de l'Etat de New-York, il a été produit par un semis de *Concord* fécondé de *Black-Prince,* cépage européen. On ne saurait donc espérer plus que pour l'Othello, une résistance complète, puisque le côté paternel n'offre pas de grandes garanties comme solidité antiphylloxérique, et toute la vigueur du plan ne viendra que du côté maternel. Cette vigueur est considérable, supérieure même à celle de l'Othello ; il en est de même de la fertilité. C'est plaisir que de voir en septembre des vignes de *Senasqua,* avec leur feuillage ferme et rougeâtre à l'époque de la maturité du fruit, leurs grappes compactes, volumineuses, de couleur noire à duvet bleu, charnues, et fournissant un vin riche en bouquet et d'au moins 9° 5 d'alcool. Le goût de ce vin après six mois, est agréable, fin, rappelant certains crûs blancs de la vallée de Moselle.

Une taille longue sur fil de fer donne de superbes résultats pour ce cépage, qui réussit extrêmement bien dans toute notre région, tandis que dans le midi, on en a été moins content. Plantons du *Senasqua* dans des terrains neufs, en plaine ou mieux en terrains légèrement pentifs, et nous ferons d'abondantes récoltes là où nos Gamey eux-mêmes ne nous donnaient pas grand' chose. Le Senasqua en effet, débourre tellement tard, qu'il est à peu près à l'abri des gelées de printemps. Une fois parti, il pousse avec une grande rapidité, des feuilles grandes, lobées, blanchâtres en dessous, cotonneuses et ambrées à l'extrémité des rameaux.

En 1885-86, le prix des Senasqua a varié de 90 à 120 fr. le mille. Le vin valait un prix égal à celui de l'Othello. On obtient un excellent vin en mélangeant par parties égales le vin de *Senasqua* et d'*Othello*.

Je ne reparlerai du *Concord* dont le vin peut faire un excellent mélange aussi avec les deux précédents, que pour rappeler un fait important, à savoir que ce cépage est peut-être le seul qui puisse supporter la taille courte, comme du reste presque tous les *Labrusca*. Son degré alcoolique est d'au moins 10° et sa couleur d'un rouge marron très coloré.

III

Voici les trois grands producteurs directs que l'on peut sans hésitation implanter dans nos vignobles avec l'assurance qu'ils y produiront d'excellents résultats. Est-ce à dire, comme je l'ai fait pressentir souvent, que nous trouverons là la solution définitive tant cherchée ? Le fait ne paraît pas prouvé, et nous n'avons pas comme base de certitude, d'installations suffisamment anciennes de ces cépages. Toutefois, il n'est pas douteux qu'alors que chaque jour on voit faiblir et arracher de jeunes plantiers français de 4 à 5 ans, au moment même où on espérait en prendre la première récolte, on voit à côté des vignes d'*Othello* et *Senasqua* âgées de 7 et 8 ans en pleine prospérité. Le vigneron, le petit propriétaire qui tient à produire lui-même sur son terrain, le vin qu'il consomme, ne méconnaîtra donc pas l'importance de ces producteurs directs qui lui garantissent une abondante récolte d'excellent vin, au moins de 10 ans, probablement même beaucoup plus, en attendant qu'il ait petit à petit régénéré, renouvelé ses vrais vignes par la greffe sur plants absolument résistants. Car tels sont aujourd'hui, de l'avis de tous les expérimentateurs sérieux et instruits, la véritable solution et le véritable remède.

A mon avis, la question est donc posée d'une manière très nette et très-simple sous trois aspects différents :

1° Planter suivant les terrains, de l'*Othello*, du *Senasqua* et du *Concord*, à grandes distances, et en terrain neuf pour obtenir un plus grand rendement, le plus vite possible. A la sixième feuille, une bicherée peut facilement donner huit pièces de vin, quatre à la quatrième.

2° Planter dans chaque vigneronnage, propriété vinicole, et au besoin dans le coin d'un jardin potager quatre à cinq variétés des cépages américains les plus recommandés, soit comme directs, soit comme porte-greffes, afin de les étudier, de se familiariser avec leur genre et leur espèce, d'en faire des porte-bois et petit à petit des pépinières allant sans cesse en s'agrandissant pour subvenir aux besoins des plantations annuelles, toujours en s'inspirant du grand principe : *savoir quels sont les terrains qu'affectionnent chaque cépage, planter large et tailler long.*

3° Pendant qu'on est tranquille sur la récolte certaine que promettent les producteurs directs, et qu'on étudie dans le petit champ d'expériences de quelques mètres carrés que chaque vigneron peut facilement se procurer, préparer par des porte-bois convenablement appropriés les porte-greffes dont on aura besoin l'hiver pour greffer nos plants de pays. Tout indique, en effet, aujourd'hui, que c'est de ce côté que la viticulture doit tourner tous ses efforts, et c'est par une étude approfondie du greffage que je me propose de terminer cette étude un peu aride peut être, mais absolument nécessaire pour bien comprendre le véritable état de la question.

Tout le monde sait que le greffage est une opération qui consiste à enter un œil où un tronçon de rameau appelé *greffon*, provenant d'un individu déterminé, sur un autre individu de même espèce ou d'espèce différente. Greffer de la vigne se réduira donc à ceci : emprunter les racines d'un sujet choisi et résistant au phylloxera pour en faire les *porte-greffes* de la charpente aérienne des vignes que nous avions cultivées jusqu'ici.

L'art de greffer est vieux comme le monde, et depuis longtemps les expériences faites ont permis d'établir des règles générales sur la manière dont se comportent les greffes, à quelque variété de végétaux qu'elles appartiennent. Trois principes certains dominent toute la théorie du greffage et nous seront d'une grande utilité pour nous diriger dans la réussite que nous cherchons :

1° Rien n'est plus facile que de greffer entre elles des *variétés* appartenant à une même *espèce*, et les résultats obtenus dans ce cas sont parfaits. Ainsi greffer de la vigne française sur vigne française est une opération qui réussit admirablement et que tous les anciens se souviennent d'avoir vu pratiquer dans nos pays.

2° Si le porte-greffes et le greffon appartiennent à des espèces différentes, l'on est beaucoup moins sûr de la reprise, de la conservation et de la durée de la greffe. La conséquence pour la vigne est facile à déduire, et nous ne trouvons pas, théoriquement du moins, les mêmes chances de reprise en greffant nos plants français qui appartiennent à la *vigne à vin (vinis vitifera)*, sur des plants américains qui sont d'*espèces* différentes *(vitis riparia, solonis, œstivalis*, etc.*)*. Toutefois, il est reconnu que bien que d'espèces différentes, ces vignes ont souvent, de l'une à l'autre, des affinités assez grandes qui augmentent notablement les chances de succès.

3° Il y a peu ou point d'espoir de réussite quand on opère sur des *espèces* appartenant à des *familles* différentes. Il ne faut donc pas chercher à greffer la vigne sur autre chose que de la vigne même.

Le corollaire de ces trois règles, et qui est du reste parfaitement confirmé dans la pratique, est que plus il y a affinité entre les espèces auxquelles appartiennent le sujet et le greffon, plus il y a chance de réussite et de conservation; et l'on doit toujours chercher à réunir dans le greffage des variétés de même espèce, plutôt que des espèces appartenant à des genres différents. Les quelques résultats qu'on pourra obtenir en greffant l'une sur l'autre des espèces différentes, ne sont pas suffisants pour permettre de déroger pratiquement à cette règle.

En examinant attentivement les effets du greffage, l'on ne saurait nier que cette opération ne soit en général une cause d'affaiblissement pour le sujet et pour le greffon. La soudure, en effet, quelque parfaite qu'elle soit, n'y constitue pas moins une série de nodosités qui sont un obstacle à la circulation de la sève. Mais ici, cet affaiblissement, relatif bien entendu, est précieux, car il permet aux bourgeons à fruits de se développer dans de meilleures conditions, que si toute la plante s'emportait à bois ; et la fructification se double ou se triple, tandis qu'elle eût été nulle, si le greffon eût pris tout le développement que le porte-greffes était capable de lui donner. Il est incontestable que le greffage augmente notablement la fertilité de la vigne, et développe en l'améliorant la qualité du fruit.

De plus, et c'est une des études les plus importantes du greffage, on est certain que le greffon exerce une véritable influence sur le porte-greffe, qu'il affaiblit ou qu'il améliore suivant les cas ; et que le porte-greffe exerce aussi une action considérable sur le greffon. Il y a là une double influence que l'on peut appeler directe (du sujet sur le greffon), et réflexe (du greffon sur le sujet).

Il est facile de comprendre, d'après ces données, que nous devrons toujours greffer *sur franc*, c'est à dire sur espèce absolument primitive ; que grâce à l'influence du sujet porte-greffes, nous pouvons désormais faire prospérer admirablement beaucoup de nos plants dans des terrains où ils ne se convenaient absolument pas jusqu'ici; que le greffage augmente la fructification, accroît le volume du raisin, et en améliore la qualité, tout en en hâtant la précocité.

L'on a pu croire pendant un temps que le vin produit par des plants greffés serait différent de celui produit par les variétés d'où les greffons étaient issus. Il n'en est rien, et c'était mal connaître l'effet du greffage qui, dans toutes les variétés botaniques, laisse intactes les qualités et les habitudes du rameau produit par le greffon. Le porte-greffe en effet, ne sert que de véhicule à la sève que ses racines vont puiser dans le sol. Il ne fournit pas lui-même les matériaux de nutrition, mais il les emprunte à la terre pour les transmettre sans les modifier au bois, aux feuilles et aux fruits, qui, par leur vie propre, les attirent et les font monter dans la plante.

Mais il faut toujours en revenir au grand principe de l'appropriation du sol avant tout. Car tel plant américain qui demeure infertile dans un terrain où il ne se convient pas, peut communiquer son infertilité au greffon qu'on lui donnera. Il y a là un fait d'expérience qui rend plus frappante encore la nécessité des études préparatoires, avant d'entreprendre les grandes replantations.

Disons enfin que les variétés européennes tardives, greffées sur espèces américaines plus précoces qu'elles, obligent leur porte-greffes à retarder l'époque de sa végétation; et semblablement, les variétés européennes précoces, activent le développement des porte-greffes américains plus tardifs. Il est intéressant de constater combien l'action du greffon est impérieuse, puisque le porte-greffes obéit docilement à toutes ses exigences ; et grâce à cette faculté, nous sommes assurés de conserver, même avec la greffe, les habitudes et la manière de nos anciens plants.

Il est nécessaire, pour comprendre la théorie, et même la pratique du greffage, de bien se rendre compte de la marche de la sève dans un plant greffé, depuis l'extrémité des racines jusqu'aux dernières feuilles, avec retour aux racines, je veux parler de la sève descendante et montante.

X

Du greffage de la vigne en général.

Il est inutile de s'étendre longuement sur le greffage en place, pratiqué dans les premières années, mais aujourd'hui de plus en plus abandonné, sauf dans certains cas très limités.

Le greffage sur table et la reprise en pépinière, sont évidemment de beaucoup préférables pour obtenir une vigne plantée d'un seul coup et d'une reprise uniforme.

Que fait le propriétaire qui veut planter un verger ? Ira-t-il planter d'abord des sauvageons en ligne dans le terrain où il compte établir ce verger, et les greffer sur place l'année suivante avec un succès plus ou moins égal et une reprise plus ou moins assurée ? Assurément non. Il ira à la pépinière voisine, il choisira les plus beaux sujets greffés et bien soudés, les fera arracher et les plantera à la place définitive qu'ils doivent occuper. De cette manière, il ne manquera pas un pour cent de ses poiriers ou de ses pommiers.

Il en est de même de la vigne. Pour constituer une plantation bien égale et dont tous les ceps seront d'égale vigueur, il faut choisir des sujets tout faits, rejeter les douteux ou les mettre à l'hôpital, et faire d'un seul jet une plantation à laquelle on n'aura plus à revenir. Il faut en un mot planter *greffé-soudé*.

Si l'on savait quel travail donne du reste, la greffe sur place, indépendamment de la difficulté qu'on a à la bien faire, tant par suite des nombreux drageons auxquels il faut faire une guerre incessante, que par suite des *manques* qui font perdre tantôt un an, tantôt deux, on abandonnerait complètement cette méthode qui ne peut servir que pour greffer des treilles ou des sujets vigoureux déjà en place et auxquels on tient.

Du reste, il est extrêmement important de ne pas mettre après deux ou trois ans un jeune greffon au milieu d'une vigne déjà très vigoureuse et dont les racines étoufferont toujours, dans une certaine mesure, le jeune sujet. Il faut autant que possible que tous les ceps soient frères de la même année, ce à quoi on arrive assez facilement par un choix attentif des sujets, et quelques soins peu difficiles à donner après la plantation.

En tout cas, comme j'ai vu quelques exemples de réussite assez complète par le greffage sur place, je crois utile d'indiquer le procédé qui a le mieux réussi.

Couper huit jours avant le greffage, le porte-greffe qui ne doit pas avoir plus de deux ans, à la hauteur où la greffe doit faire. On verra au bout de ce temps, les pleurs de la vigne s'arrêter et la coupe se cicatriser. La sève s'amoncelle à la partie supérieure, prête à favoriser la formation des nouvelles cellules et du *cambium*, principal agent de la soudure, et à entretenir la fraîcheur du greffon.

Greffer dès le 15 mars par le procédé de la greffe anglaise sur les sujets de grosseur ordinaire, et par celui de la fente ordinaire, sur les sujets de gros diamètre.

On a beaucoup préconisé le système qui consiste à planter en automne, vers novembre, le porte-greffe, et à le greffer en mars. Il est évident que la sève ayant, dans cette manière de faire, un mouvement ascensionnel beaucoup plus lent, la reprise et la soudure du greffon sont dans de meilleures conditions que si la même sève puise une trop grande vigueur dans des racines en place depuis un an ou deux déjà.

Il n'en est pas moins vrai que la reprise moyenne d'un greffage sur place atteint rarement 50 pour cent, et que par suite la vigne offre un décousu et une inégalité, dans sa tenue et dans sa reprise, extrêmement préjudiciables, comme perte de temps et manque de récolte.

Ce n'est donc pas par le greffage sur place que le vigneron désireux d'arriver vite, tout en ménageant sa peine, procédera, et il aura recours à la pépinière et au plant raciné greffé-soudé.

Toutefois, je dois dire que pour l'établissement des treilles, le greffage sur place pratiqué à 2 m. de haut, réussit parfaitement, surtout si l'on a soin de laisser au pied du porte-greffe un rejet américain qui modère le flux de la sève au greffon, sauf à le supprimer après la reprise. Il est indispensable d'envelopper la greffe de mousse qu'on maintiendra humide pendant quelque temps.

Le greffage sur place n'étant donc qu'un accessoire pour le vigneron, examinons maintenant l'ensemble des opérations nécessaires pour arriver à obtenir une certaine quantité de plants américains racinés, et portant de bons greffons solidement soudés, prêts à être mis en place.

XI

Détails du greffage.

Le vigneron qui veut opérer lui-même doit avoir des sujets à greffer ou porte-greffe, et des greffons; il doit être initié à la pratique du greffage; il doit avoir un terrain propice à la reprise, où il donnera des soins spéciaux à ses élèves; enfin il doit les arracher en temps opportun pour planter le terrain qui a été préalablement défoncé.

D'où cinq divisions dans l'étude de la pratique du greffage: 1° les porte-greffes; 2° les greffons; 3° le greffage; 4° la pépinière; 5° la plantation.

1° Les porte-greffes. — J'ai cité précédemment quels étaient pour notre région les porte-greffes qui réussissaient le mieux. Le *Riparia sélectionné* pour les terrains légers et profonds; le *Vialla* pour les terrains forts et un peu humides; le *Solonis* pour les terrains frais; le *York's Madeira* pour les terrains secs; et enfin le *Jacquez* pour les sols moyens. J'y ajouterai le *Rupestris,* qui semble promettre beaucoup, ainsi que le *Taylor,* dans nos terrains caillouteux et un peu ferrugineux.

Si le vigneron doit prendre son bois chez lui, sur des sujets porte-bois qu'il possède déjà, il devra, dès le printemps, surveiller avec soin la pousse des pieds-mères, producteurs de boutures. Il ébourgeonnera impitoyablement tous les jeunes sarments inutiles, de manière à ne garder au plus que six à sept sarments les plus vigoureux. Il s'agit en effet, non pas d'obtenir beaucoup de bois, mais de bon bois, non pas du bois mince et allongé, mais du bois de cinq à huit millimètres, et qui puisse s'aoûter facilement.

Il supprimera au fur et à mesure tous les gourmands qui se produiront, et attachera sur de longues perches d'acacias les sarments conservés, ou bien les laissera traîner sur le sol sans s'en occuper. Ce second procédé donnerait peut-être quelques sarments plus gros, mais il a l'inconvénient de ne pas permettre une surveillance aussi facile de la pousse et des gourmands; et outre que le bois s'aoûte moins bien, la grêle abîmera beaucoup plus le bois s'il rampe à terre, que s'il est vertical.

Une fois le bois bien aoûté, et de novembre à janvier, le vigneron taillera les sarments américains à deux ou trois yeux, en coupant le talon de la bouture à trois centimètres de l'œil inférieur, de manière à avoir au-dessus de l'œil supérieur, le plus grand champ possible pour la greffe. Il écartera sévèrement tout bois talé ou imparfaitement muri. Puis il fera de petits paquets de vingt-cinq boutures liés soigneusement qui seront placés les uns à côté des autres, et horizontalement dans du sable mi sec et à l'abri de la gelée et de la pluie. Chaque variété sera étiquetée avec soin.

Il faudra peu se préoccuper de la pousse des yeux des porte-greffes, tous ces yeux étant destinés à être coupés au moment du greffage; le principal est qu'ils ne se dessèchent pas. On tassera donc fortement le sable, qu'on arrosera légèrement, si le besoin s'en fait sentir.

Ce serait une erreur de mettre les porte-greffes dans l'eau, comme on le faisait communément pour les chapons ordinaires, car il faut éviter, avant tout, le départ prématuré de la sève, ou la détérioration du bois par la gelée.

Les petits paquets de porte-greffes ne seront pris qu'au fur et à mesure des besoins du greffage.

Toutes les rognures seront mises de côté dans le sable, et utilisées l'année suivante pour faire des sujets racineux dans lesquels on trouvera facilement, au bout d'un an, quarante pour cent de sujets bons à greffer. Les autres seront laissés en place à la pépinière pour y prendre un volume et un diamètre plus considérables.

Chaque année, on augmentera ainsi par le racinage des rognures aoûtées, la provision du bois à greffer, et les greffes appliquées sur les bois de 5 à 6 millimètres ne seront pas les moins bonnes.

On peut estimer qu'en moyenne un cep porte-bois vigoureux peut donner cinquante boutures. De sorte que le vigneron qui voudra replanter chaque année par exemple une bicherée de treize ares pour laquelle il faut mille plants soudés, devra planter comme porte-bois, de vingt-cinq à trente ceps du cépage américain qu'il aura choisi comme s'appropriant le mieux au terrain qu'il a en vue. Trente ceps taillés à quatre cornes et à trois yeux sur chacune d'elles, fourniront 1500 boutures, chiffre nécessaire pour obtenir le mille voulu, en raison du plus ou moins de réussite de la reprise en pépinière.

Ces trente ceps porte-bois seront plantés à deux mètres de distance en tous sens, dans un terrain préalablement défoncé à 0,80 et convenablement fumé. On comprendra aisément combien il faut de place et de nourriture à ces cépages vigoureux qui, dès la troisième année, constituent de véritables forêts. La sérieuse récolte de bois ne commence en effet qu'à la troisième feuille, et des binages répétés, avec un sarclage toutes les fois que l'herbe apparaîtra, seront autant de conditions nécessaires pour donner au bois de la longueur et de la grosseur. Il va sans dire que de fréquentes fumures viendront réparer l'épuisement du sol.

Un vigneron intelligent voudra avoir dans sa pépinière au moins cinq variétés de porte-bois, Riparia, Solonis, Rupestris et surtout York et Vialla. Cent mètres carrés suffiront donc pour une installation convenable. Il convient encore de dire que les sujets porte-greffe ne doivent pas avoir moins de 6 millimètres de diamètre, et pas plus de 12. En dessus et en dessous de ces mesures, le greffage devient extrêmement difficile.

2° *Les greffons.* — Si la bonne qualité et le choix des porte greffes est important quand il s'agit de greffage, le choix des greffons ne l'est pas moins, et l'on peut dire en somme, que six fois sur dix, l'insuccès à la reprise vient du greffon.

Avant la récolte, le vigneron qui doit greffer au printemps suivant, doit examiner avec soin dans ses vignes ou dans celles du voisin chez qui il compte se procurer ses bois français, quels sont les ceps bien portants, qui ont bien mené leurs fruits à maturité, qui ont été exempts de millerand, de coulure, et surtout de mildew. Tel gamey qui paraît très vigoureux est d'une espèce pourtant abâtardie, et ne porte guère de raisins : il doit être absolument éliminé, et l'on marquera au contraire avec un lien de paille ou tout autre signe facile à retrouver, tous les plants irréprochables. C'est sur ceux-ci qu'on viendra faire sa provision de bois pour greffons, en ne prenant bien entendu que des bois complètement aoûtés. On proscrira tout bois provenant de vignes malades ou mildiousées, ceci étant une condition indispensable de succès.

Les sarments recueillis en temps opportun, seront mis par paquets de vingt-cinq, et de manière à ce que les yeux ne soient pas froissés, dans du sable à peine humide, dans une cave un peu aérée, et l'on évitera que le froid ou l'humidité ne viennent les détériorer. Il est nécessaire que l'œil n'ait pas ou presque pas bougé quand au greffe, et l'on comprend dès lors quelle importance il y a à soigner pendant l'hiver tous ces greffons.

Chaque paquet mis horizontalement et complètement recouvert, sera quelque peu distant de son voisin, afin qu'au printemps, quand on les prendra un par un, on n'en détériore aucun. Inutile de dire que toutes les variétés, ici encore, seront soigneusement étiquetées. Au moment du greffage, les sarments seront coupés à deux yeux et répartis sur table par grosseur, afin d'éviter de les trop remuer. On n'en préparera qu'un petit nombre à la fois, afin d'éviter qu'ils ne se dessèchent, et encore s'il devait y avoir interruption dans le travail, devrait-on prendre soin de les couvrir d'un linge humide. Chaque greffon sera coupé à l'inverse du porte-greffe, c'est-à-dire de telle sorte que la coupe se fasse à deux centi mètres de l'œil qui sera l'œil supérieur, et aussi loin que possible de l'œil inférieur, afin de donner du champ au greffage.

L'habitude de greffer à un œil est défectueuse, parce que cet œil peut être mauvais. Celle de laisser trois yeux n'est pas meilleure, à moins que les mérithalles ne soient très-courts, car le greffon a d'autant plus de chance de sécher qu'il est plus long, et court d'autant plus de risque d'être ébranlé, une fois en place. Avec un peu d'habitude, ce travail de préparation et de sélection se fait avec une grande rapidité.

On devra rejeter sans pitié tout greffon éborgné ou gâté, alors même qu'on aurait un sous œil très apparent, et se ménager d'autre part un choix de bois aussi bien très gros que très petit.

Une visite faite de temps en temps aux paquets de sarments devant fournir les greffons, sera très opportune. Si le sable est trop sec et que le bois n'ait plus à la coupe cette couleur verte que chacun connaît, il faut arroser légèrement. Si le bois pousse, si les yeux commencent à se développer, il faut remettre de suite les paquets dans du sable complètement sec et aérer vivement pour chasser toute trace d'humidité. Du reste, lorsqu'on doit greffer diverses variétés, il est naturel de commencer par les plus précoces, comme le Gamey, et de finir par les plus tardives, comme le Montmélian.

Mais à l'automne tout doit être préparé avec le plus grand soin, de manière à n'avoir ni erreur ni retard en mars et avril, et partant point de déception à la reprise.

Disons avant d'en venir au greffage, que les porte bois aussi bien que les greffons devront être lavés et soigneusement essuyés au moment de leur emploi, afin qu'il ne reste après l'écorce ni terre ni sable qui endommageraient forcément la coupe du greffoir et la propreté de la coupe.

3° *Le greffage.* — On se rendra facilement compte que le meilleur greffage sera forcément celui qui mariera le mieux entre elles les couches cellulaires du greffon et du sujet, qui donnera le plus de point de contact aux écorces par lesquelles se commence la soudure due au cambium. Ce cambium n'est pas, comme on le croit communément, la sève ou les pleurs de la vigne, qui ne sortent que de la partie ligneuse. Entre l'écorce et le liber, monte une espèce de gomme qui s'accumule à la coupe de la greffe et qui est le premier agent de la soudure. Cette gomme, ce cambium forme de petits bourrelets qui collent les deux végétaux ensemble, formant ainsi un étui où passe la sève qui va nourrir le greffon.

Des diverses sortes de greffage, la greffe dite en fente évidée ne sera pas plus employée que la greffe en fente ordinaire. Les solutions de continuité qu'on ne peut éviter à l'extrémité des biseaux, rendent généralement la soudure incomplète, et de plus, elles sont moins faciles que la greffe anglaise. On ne les emploiera donc que pour greffer ensemble des bois dépassant 12 millimètres.

Quant à la greffe anglaise, la seule couramment usitée aujourd'hui, on arrive à en prendre si rapidement l'habitude, qu'il n'est pas rare de voir des greffeurs faire, sans se presser, leurs 700 greffes dans la journée, en y apportant tout le soin voulu. Dépasser cette mesure est d'un intérêt mal compris, et entre deux greffeurs, l'un faisant 500 greffes avec soin pour cinq francs par jour, l'autre en faisant 2,000, comme cela s'est produit, pour 10 francs, nul doute que la préférence ne doive être donnée au premier.

Il faut pour greffer convenablement, avant tout, une installation suffisante. Greffer en plein air est mauvais, greffer dans une pièce chauffée ne vaut pas mieux. Un abri où le vent ne peut pénétrer, où la température est plutôt basse qu'élevée, convient au greffage. On aura une table sur laquelle tous les greffons pourront être étalés sans se mélanger, et on sera à portée de l'endroit où, les greffes une fois faites, seront entreposées dans du sable humide, debout et légèrement espacées.

Les accessoires du greffage seront le raphia destiné à la ligature et trempé préalablement dans une solution de sulfate de cuivre à trois grammes par litre ; le greffoir et une véritable pierre du Levant pour l'aiguiser, à l'exclusion de tout autre.

Le meilleur greffoir employé aujourd'hui est sans contredit le couteau Kunde. Ce greffoir fabriqué à Dresde ne peut être remplacé, au moins jusqu'à présent, par l'imitation faite en France ; encore moins par les diverses machines à greffer, dont la meilleure en somme ne vaut rien. Ce n'est point que leur mécanisme ne soit souvent ingénieux, et leur construction habile, mais dès que ces petites machines se dérangent, dès que les lames s'ébrèchent, il faut avoir recours au coutelier, il faut perdre du temps, sans compter que l'ajustage n'est pas toujours commode. Toute personne ne saurait non plus user des greffoirs mécaniques, tandis que le greffoir Kunde, aussi simple que possible, ne se dérange jamais et donne un travail d'une régularité et d'une précision parfaites. Il peut se transporter partout, et sert autant pour la greffe sur place que pour la greffe sur table, pour la greffe anglaise que pour la greffe en fente. Avoir deux Kunde sera toujours d'une bonne précaution ; on en trouve d'excellents à l'agence viticole de Villefranche.

Le mode de greffage à l'anglaise, le seul à employer pour la greffe courante, paraît à première vue fort compliqué, mais il n'en est rien. Il suffit d'avoir vu greffer une fois pour comprendre facilement le mécanisme de cette opération, et avec quelques minutes d'exercice, un peu de dextérité dans les doigts et de la bonne volonté, nul doute que tout vigneron ne puisse réussir d'une façon très satisfaisante.

Que l'on greffe sur boutures ou sur racinés, le procédé est le même, étant donné qu'on ne prendra que des bois de 6 à 12 millimètres de diamètre et de 20 à 25 centimètres de longueur, portant au moins deux yeux. On commencera par faire la coupe du porte-greffe qui, solidement maintenu avec la main gauche contre la poitrine, sera tranché en biseau sous un angle de 16 à 18 degrés et d'un seul coup. La main droite qui tient solidement le greffoir les doigts en dessus et le pouce en avant, ne jouera que du poignet et l'avant-bras sera strictement maintenu au corps, afin d'éviter toute hésitation et tout mouvement oblique. La coutume de manier le greffoir comme un canif, les doigts en dessous et le pouce en dedans, est défectueuse, en ce sens qu'elle n'assure pas la même régularité dans la coupe et produit des sections généralement concaves et moins rapidement faites. Un greffeur qui a quelque habitude de son instrument, fera facilement 25 sections sur 30, absolument uniformes, s'il prend le point d'appui sur le côté droit de la poitrine, les doigts en dessus, au lieu de tirer la coupe d'avant en arrière, comme le font tous les débutants.

L'inclinaison de 16 à 18 degrés de la coupe n'est pas du reste une simple convention, mais elle résulte de l'étude approfondie des meilleures conditions où se fait la soudure. Il est facile de se rendre compte, en effet, que du moment où l'on devra prendre dans l'épaisseur de la coupe, une languette (caractéristique de la greffe anglaise), destinée à assurer l'assemblage du greffon et de son porte-greffe, il doit être nuisible de faire trop longs les biseaux, qui par suite de l'introduction des languettes, laisseraient des vides entre les parties du bois, et compromettraient la reprise. On ne pourrait rapprocher toutes ces parties courbées en dehors de la ligne d'axe du sujet, qu'à l'aide de très fortes ligatures qui seraient nuisibles et compromettraient le succès, la ligature n'ayant et ne devant avoir d'autre but que de mettre la greffe à l'abri des chocs et des dérangements inséparables d'une manipulation quelquefois un peu compliquée. On comprendra aisément aussi qu'une coupe trop longue sera beaucoup plus difficile à faire exactement plane, absolument semblable à la coupe du sujet qui s'y doit adapter, et courra de plus, bien plus de chances de se dessécher qu'une coupe plus courte. La soudure étant elle-même moins longue dans son périmètre, se fera plus facilement et avec une quantité moins grande de cambium.

Devra-t-on, à l'inverse, faire des coupes

extrêmement courtes ? Pas davantage, car alors il serait très difficile de faire et d'assembler les languettes ; et la ligature ne présenterait plus du tout de solidité. C'est donc, et d'une façon absolue, dans les limites de 16° à 18°, ou si l'on veut, avec une pente de 25 à 30 pour cent, que l'on devra s'exercer à effectuer la coupe du greffon et du porte-greffe.

Les languettes prennent une très grande importance dans la confection d'une greffe, car outre qu'elles augmentent la surface des parties en contact, elles font l'office d'un véritable tenon dans l'assemblage ; et une greffe bien faite avec ses languettes peut être assez solide pour être mise en pépinière sans ligature, si l'on usait des précautions nécessaires. On est d'accord aujourd'hui de ne pas leur donner plus de cinq à six millimètres de longueur, bien que dans le principe, on les ait fait beaucoup plus longues. Toutefois on a beaucoup discuté sur l'endroit précis où devait se faire la languette, sur le plan de la section opérée par le greffoir. Tantôt on a donné le tiers de la section, tantôt le quart ; mais l'assemblage qui donne le plus de solidité doit être effectué comme il suit :

On place le fil du greffoir exactement au milieu de la section, et bien normalement à l'axe du sujet ; puis remontant la lame de trois millimètres environ, on l'engage moëlleusement dans le sens du bois, de manière à ne pas dépasser une profondeur de 4 à 5 millimètres. En retirant l'outil, on relève vivement l'extrémité de la languette, d'un petit coup sec avec le fil de la lame, de manière à en dégager l'extrémité et rendre plus facile l'assemblage.

On exécute une opération identique sur le greffon qu'on a choisi *d'un diamètre absolument égal* à celui du porte-greffe, et on n'a plus alors qu'à faire pénétrer les deux languettes l'une dans l'autre, en calibrant bien la greffe avec les doigts, pour que les écorces se joignent et qu'il ne reste pas d'intervalle dans les jointures. Pour procéder à un assemblage rapide, l'on devra, mettant les coudes dans la même ligne, et les mains appuyées au corps, les pouces en dessus, pousser légèrement et sans à coup les deux languettes préalablement écartées et qui entreront d'elles-mêmes l'une dans l'autre. Avant de la déposer aux mains de la personne qui fait les ligatures, on devra s'assurer que les languettes ne chevauchent pas d'un côté sur le biseau, ce qui arrive fréquemment avec le bois américain à moëlle généralement peu résistante et à fibres très molles. On n'hésitera pas à refaire immédiatement une coupe qui se serait déformée et à retailler de nouvelles languettes là où elles se seraient écrasées.

Le sujet et son greffon étant bien assemblés, on doit lier immédiatement. Pour cette opération, rien ne vaut le raphia, fibre d'un palmier du Japon, très souple, facile à manier et très bon marché. Le raphia se pourrit facilement en terre au fur et à mesure que la greffe grossit, et si on veut le rendre moins putrescible, il suffira de le tremper dans de l'eau de savon ou une dissolution de sulfate de cuivre à raison de trois grammes par litre d'eau. Ce n'est pas que cette ligature soit une chose absolument nécessaire, car l'on peut dire qu'une fois le sujet en place, elle ne sert plus à rien. Elle devient même nuisible si le raphia résiste au moment où la reprise s'opère et où le diamètre du bois augmente, car il se produit alors un étranglement et un bourrelet désastreux. Il faut donc, dans des pépinières humides, sulfater le raphia, dans celles où le terrain l'est moins, le savonner, et dans les terrains s'égoutant facilement, l'employer au naturel. On aura la précaution de visiter l'état des ligatures dans la pépinière, suivant le plus ou le moins d'humidité de la terre, afin de couper le raphia, s'il ne pourrissait pas assez vite. Dans aucun cas du reste, on n'emploiera le caoutchouc, la ficelle ou les feuilles de zinc. Il est même inutile en général de recouvrir les ligatures, comme on l'a fait souvent, de mastic, de goudron, de terre glaise, etc..., ces précautions bonnes en elles-mêmes ne paraissant pas rendre en réussite la valeur du temps qu'on y emploie. Le suif seul, qui outre ses qualités comme engrais, semble avoir sur la vigne certaines influences spéciales, trop longues à énumérer ici, peut être facilement employé et donnerait, ce semble, un pour cent de reprise plus considérable. Quoiqu'il en soit, on réussit très bien avec la ligature faite au raphia seul, si l'on a soin de ne pas serrer dans le milieu et de laisser du jour à hauteur des languettes, ce qu'on obtient facilement en disposant le raphia à clairevoies, en ne le serrant réellement qu'en haut et en bas de la greffe proprement dite. Un nœud ne suffira pas pour assujettir la ligature, et l'on se trouvera bien d'en faire deux. Une femme pourra très facilement servir le greffeur et aller aussi vite que lui ; de plus, elle liera mieux et plus vite que ne le ferait le greffeur lui-même qui ne doit jamais quitter son outil, une fois qu'il est en train.

Toutes les greffes liées, seront mises dans un panier sur un sac humide, et portées soit à la pépinière, soit dans une cave fraîche dans du sable, dès qu'on en aura réuni cinquante. On pourrait même les ranger au fur et à mesure dans une série de caisses pleines de mousse humide, pour ne les prendre qu'au moment de les mettre en terre, à la pépinière, afin de ne pas les déplacer deux fois. Ce système est de beaucoup préférable et devra être employé.

XII

Pépinière.

Les boutures ou les plants racinés étant greffés avec tout le soin possible, surveillés pendant l'hiver de manière à ce qu'ils ne souffrent ni du froid ni de l'humidité, ni du chaud ni de toutes causes qui pourraient les déssécher, on les mettra en pépinière dès que les premiers beaux jours seront venus.

Le terrain qui aura été préparé à cet effet, sera avant tout légor, profond, facilement perméable à l'eau et exempt de tous cailloux. Un défonçage à cinquante centimètres, avec fumure préalable et mélange de tourteau pulvérisé entre deux terres pour activer la pousse des racines, un terrain légèrement pentif où les eaux ne pourront stationner et présentant des facilités pour l'arrosage d'été, telles sont les conditions où l'on cherchera à se placer. Si l'on ne peut disposer que de terrain argileux, il faudra à l'avance se munir de sable pour ameublir le sol et isoler les boutures, tout en favorisant l'émission des racines.

Pour planter en pépinière, on pratiquera

à la bêche sur toute la longueur du terrain dont on dispose, un fossé d'environ 0 m. 30 de profondeur, en ayant soin de donner une pente légère à la paroi contre laquelle seront appuyées les greffes qui auront autant que possible leur pied tourné au midi et la partie supérieure tournée au nord. Un fossé bien fait aura en haut 0,25 et au fond 0,20 de largeur. Puis les boutures seront placées à cinq centimètres les unes des autres, de manière que le dernier œil seul du greffon dépasse le sol. Le fossé étant garni sur toute sa longueur, on le remplira avec soin en creusant le fossé suivant, dont la terre servira à recouvrir la rangée précédente, et l'on opérera ainsi de suite en établissant des planches de quatre à cinq rangs au plus, laissant entre chacune un sentier de cinquante centimètres de largeur pour l'arrosage, le curage et le binage du terrain. Chaque planche de quatre rangs occupera avec son allée, une surface de 1 m. 50 de largeur.

Lorsque le fossé sera comblé, on recouvrira la ligne des greffons qui sortent de terre d'un billon de sable uniforme qui les cachera complètement; et une fois une planche terminée, on l'arrosera à la pomme pour tasser aussi également que possible le terrain dans toute son étendue. On ne craindra pas de faire le billon de sable très large à sa base, afin de conserver aux greffons toute la fraîcheur possible. Il est utile, si l'on opère en terrain fort ou argileux, de déposer au fond du fossé une couche de sable assez épaisse, le long des boutures, afin d'aider à la reprise, et l'on mettra la terre la plus légère sur le sable jusqu'à niveau de la ligature, en ayant soin de la tasser fortement.

Il est facile de se rendre compte par ce qui précède qu'il suffit d'une très-petite surface de terrain pour mettre en pépinière un nombre considérable de boutures. Une planche de jardin potager large de cinq mètres et longue de huit, en contiendra quatre mille, nombre bien suffisant pour subvenir l'année suivante à la plantation de deux bicherées de pays, soit un quart d'hectare.

Au fur et à mesure de l'échauffement du sol, on verra bientôt les bourgeons se gonfler et soulever le sable qui les recouvre, et quelques soins aidant, les rameaux se développer très-rapidement. Il importe de ne pas abandonner la pépinière à elle-même : de fréquents binages faits avec soin, des arrosages lorsque cela devient absolument nécessaire, au besoin un paillis de fumier d'étable, seront de précieux auxiliaires à une bonne reprise et à une soudure convenable. Enfin, dès que les sarments auront pris un certain développement, on fera bien d'établir de petits piquets aux extrémités de chaque ligne, afin d'y fixer, à $0^{m}20$ du sol, soit des roseaux, soit un fil de fer, sur lesquels on attachera toutes les jeunes pousses; cette précaution, surtout dans les endroits exposés au vent, empêchera les rameaux d'être agités ou secoués, et rendra dès lors la soudure beaucoup plus certaine.

La dernière opération que l'on devra faire entre les deux sèves, et qui est la plus délicate, consiste à débuter avec soin et au moyen d'une curette en bois, les billons de sable, afin d'examiner les greffons jusqu'à la ligature et de couper au ras du bois, toutes les radicelles qui auront pris naissance sur les greffons. On profitera de cette occasion pour couper aussi avec un greffoir les raphias qui étrangleraient les soudures, en ayant soin de ne les point déranger, et on choisira autant que possible, pour ce faire, un temps couvert et pas trop chaud.

L'opération qui consiste à retrancher toutes les radicelles françaises, est absolument indispensable, et il ne faudrait pas attendre l'arrachage pour la faire. On comprendra aisément, en effet, que si le greffon qui a émis des racines, ne vit que par lui même, il ne tire pas la sève de son porte-greffe; dès lors le plant américain végète, ne prend pas de force, n'émet pas de cambium et la soudure se trouve compromise. Il est de toute nécessité que le greffon ne vive que par son porte-greffe, et par conséquent ne puisse pas vivre à l'aide de ses propres racines. Sur cent greffes manquées ou incomplètes, on peut dire que quatre-vingt-dix ne le sont que par ce que l'identification n'a pu se faire, à cause de l'affranchissement total ou partiel du greffon.

En juillet, on pincera l'extrémité de toutes les pousses, afin de redonner de la force aux yeux inférieurs et avoir des plants plus trapus et moins effilés. Enfin, en novembre ou décembre, suivant le temps, on pourra commencer à arracher avec précaution les plants de la pépinière pour savoir de combien l'on peut disposer, et les mettre en stratification dans le sable jusqu'au moment de la plantation définitive, qui peut même se faire dès l'automne, si la saison n'est pas rigoureuse et si le terrain est déjà préparé pour établir la vigne.

Cet arrachage se fera à la bêche et par rangs, en ayant soin de soulever le cep par sa partie inférieure avec l'outil, tout en le tirant avec la main par la partie située en dessous de la soudure.

Les plants examinés avec soin seront triés suivant leur état, et un par un. On ne prendra, pour la plantation définitive, que des tiges saines à rameaux assez longs et à racines vigoureuses ; on vérifiera toutes les soudures et on mettra sans hésiter de côté tout ce qui serait imparfait. Une soudure insuffisante sera reliée avec du raphia et mise à l'hôpital pour l'année suivante, mais jamais utilisée dans le faux espoir qu'elle se complètera à la vigne une fois plantée.

Dans ces conditions, que l'on plante à l'automne ou au printemps suivant, on aura du premier coup un vignoble complet, pour ainsi dire sans aucun manque, auquel on n'aura pas à revenir. Les frais du greffage et de l'entretien de la pépinière seront largement compensés par la réussite certaine de la plantation, qui dès la deuxième année donnera déjà un résultat fort appréciable, et à la troisième une récolte complète

Le terrain de la pépinière, défoncé à nouveau et fumé, recevra, dès le printemps, de nouvelles greffes, et il n'est point de vigneron qui, avec un peu de soin et de savoir faire, n'arrive à reconstituer très-rapidement son vignoble au fur et à mesure de l'arrachage. Nous verrons plus tard combien est peu fondée l'objection si souvent faite, que la replantation des vignes par ce système est trop coûteuse pour être pratiquée couramment.

XIII

Plantation.

4° *Plantation.* — Il existe deux systèmes de planter la vigne enracinée, et cette opération peut se faire dès la fin de l'automne, suivant les uns, où dès le commencement du printemps, suivant d'autres. Les partisans de la plantation d'automne allèguent que le cep mis en place fin novembre s'installe dans une terre mieux tassée, prépare l'émission de ses racines par une action latente de la sève, et prend l'avance sur un autre cep planté en mars. Mais il est évident que dans ce système, qui ne pourra s'employer que dans des terrains défoncés de très-bonne heure et pouvant s'égoutter avec la plus grande facilité, il faudra prendre quelques précautions. La greffe devra être buttée très-amplement et avec grand soin, afin d'éviter l'action destructive des fortes gelées d'hiver; la terre amoncelée en petites masses distinctes autour du greffon renfermant une certaine quantité d'air qui, mauvais conducteur du calorique, mettra cette partie encore délicate à l'abri du froid.

Il paraît peu probable que le gel profond du terrain puisse, dans ces conditions, ébranler la soudure, si elle est bien faite, bien que par son action le sol soit soulevé et remué quelquefois assez profondément. Il n'en serait pas de même des soudures incomplètes, à moins qu'elles ne soient préalablement rattachées au raphia. Ce système peut réussir si l'on a à faire à un hiver doux, mais il semble avoir contre lui, la difficulté d'avoir des terrains tout défoncés avant la morte saison; de plus, le sol remué en hiver seulement, sera mieux préparé, il se délitera complètement sous l'influence des gels et des dégels, il s'aérera plus facilement, et enfin il se tassera avant la plantation, ce qui vaut mieux que s'il se tassait au moment du développement des jeunes plantes.

Jusqu'à nouvel ordre, dans notre région, la plantation du « centième jour de l'année » paraît encore préférable, si l'on ne se trouve pas dans des conditions de terrain absolument favorables, d'autant que des greffes plantées à l'automne, et qui sous l'influence d'un mois de mars un peu chaud, auraient déjà des tendances à ouvrir leurs bourgeons, risqueraient fort d'être grillées par les gelées d'avril. Les plantations de fin mars ou d'avril, au contraire, retardées dans leur débourrement, échapperont plus facilement au désastre.

Il n'est point ici nécessaire de s'étendre longuement sur la préparation à donner au sol de la vigne elle-même. Les cépages américains étant extrêmement vigoureux et possédant dès lors une charpente souterraine très-puissante, il est évident qu'il faut défoncer profondément dans les terrains compacts et durs. Aller jusqu'à 0,80 de profondeur est évidemment une excellente manière de faire, et 0,70 serait un minimum dans notre sol en général. La fumure sera d'autant plus indispensable qu'on aura à faire à des racines très-gourmandes, et l'on devra la répartir dans les deux tiers supérieurs de la couche défoncée, sans qu'il soit utile d'en mettre dans le fond où les eaux entraîneront toujours assez les éléments solubles de l'engrais. Si l'on replante sur une vigne nouvellement arrachée, ce qui ne se fera que si cette vigne jeune encore, n'avait pas complètement épuisé le terrain, il faudra forcer la fumure et employer la proportion de 60,000 kilos à l'hectare ou 7,500 à la bicherée, en fumiers d'étable ou engrais équivalents. Plus l'engrais sera d'une décomposition lente, meilleure sera son action sur la vigne qui a besoin de trouver pendant longtemps, mais non en trop grande quantité à la fois, les matériaux nécessaires à sa végétation. L'on sait assez que les jeunes plantiers sont déjà trop portés à une exubérance d'allure, qu'il ne faut pas activer encore par des fumiers à décomposition rapide. L'usage des engrais chimiques n'aurait sa raison d'être dans le début d'une plantation, que s'il était prouvé par l'analyse du sol qu'il est indispensable de lui rendre de l'azote, de la potasse ou de l'acide phosphorique qui lui auraient été enlevés par la précédente végétation. Plus tard, ils seront employés utilement, quand il faudra venir réparer une fructification souvent trop abondante, et encore ne faudra-t-il y avoir recours qu'avec une extrême circonspection.

Il est sans intérêt de parler des vignes à grand écartement avec cultures intercalaires, bien qu'il en existe encore dans notre département. Mettre en culture dans le même terrain, des plantes différentes qui se disputent le sol, l'air et la lumière, est un système aujourd'hui abandonné. La plantation en plein, est la seule où la vigne puisse prospérer dans son état actuel, et encore, dans la replantation de nos vignes, devons-nous adopter exclusivement les plantations régulières, les provignages disparaissant et l'emploi de la charrue vigneronne tendant à se généraliser partout où le terrain le permet.

On plante soit en lignes, soit en carré, soit en quinconces. Le premier mode de plantations serait peut-être le moins rationnel, mais il est le plus usité à cause de la facilité plus grande qu'il présente pour la culture de la vigne. Il est nécessaire, pour se rendre compte de ce qui convient le mieux à un cep que l'on va planter, de bien comprendre que l'ensemble des racines de ce cep s'étalera sur une surface circulaire dont le tronc sera le centre. Si le terrain est homogène, aucune raison pour qu'une racine en dépasse une autre en longueur ; et comme, lorsque les racines de deux pieds voisins arrivent à se toucher, leur développement s'arrête presque aussitôt, il en résulte que ces racines ont un développement moindre que dans la plantation en carré, pour une surface égale, et que dès lors aussi la fructification est moins abondante.

Ce mode de plantation en carré permet à la vigne d'occuper utilement presque tout le terrain où elle est assise, et si elle n'est pas palissée sur fil de fer, on pourra la labourer dans deux sens.

Enfin, la plantation en quinconces est celle qui couvre le plus complètement le terrain, et qui renferme pour une surface donnée, le plus grand nombre de ceps avec une quantité égale de terre pour les nourrir. Il en résulte, par conséquent, une augmentation de récolte ; mais si les cépages sont à rameaux étalés et insuffisamment échalassés, le sol est vite recouvert par les sarments et le labourage à la charrue devient difficile, bien qu'il soit ici possible dans trois sens.

En somme, on devra s'inspirer de la nature des cépages, de leur tenue et du mode de culture qu'on devra employer, pour choisir celle de ces trois dispositions qui conviendra le mieux. Toutefois, pour tous les terrains qui pourront se labourer avec la charrue et où l'on aura alors avantage à mettre la vigne sur fil de fer, il est évident que la plantation en ligne sera seule adoptée, les deux autres étant réservées aux coteaux où les façons se font à la main.

On a beaucoup discuté sur l'écartement à mettre en lignes, dans une vigne à planter ;

et de fait, quand on compare les vignobles de la Champagne qui comptent jusqu'à 60,000 pieds à l'hectare, à ceux du Languedoc qui n'en comptent que 4,000, en passant par le Beaujolais où l'on en trouve 16,000 et la Drôme 7,000, on ne peut que constater une chose, à savoir que la densité en plants d'un vignoble diminue au fur et à mesure qu'on descend du Nord vers le Midi. Bien des raisons ont été données sur cette différence ; mais ce que l'on peut admettre en principe, et d'après l'expérience, c'est : 1° qu'une plantation serrée sera toujours moins enracinée qu'une plantation où les pieds seront écartés ; 2° qu'une plantation serrée donne plus au début, mais beaucoup moins plus tard. Si de ces deux faits acquis, on rapproche le grand développement des sarments et des racines des cépages américains, on comprend aisément qu'il faut leur faciliter un enracinement profond d'une part, et une production assurée pour l'avenir, d'autre part, sans oublier que l'on ne saurait impunément charger à fruits une vigne qui n'aurait pas le terrain nécessaire à sa nourriture.

Or, en ce qui concerne la vigne greffée, où l'opération du greffage a incontestablement diminué la vigueur du porte-greffe, il faut savoir se tenir dans un juste milieu. Que dans le Midi, où pour la faire résister aux ardeurs des étés brûlants, on plante à 1m 75 la vigne, afin de la faire enraciner profondément, tout en cherchant une production aussi considérable que possible ; que dans le Nord, où l'on cherche à favoriser les racines superficielles afin d'avoir surtout des vins fins et délicats, on plante au contraire à 0m 50 : c'est entre ces deux mesures que se trouvera pour nous le juste milieu. Nons avons besoin pour nos vins moyens, de racines superficielles et de racines profondes, et dès lors un espacement entre les lignes variant suivant les terrains de 1m 30 à 1m 50, avec une distance variant de cep à cep dans la ligne, de 1m à 1m 20, semblent parfaitement suffisants. Il va de soi que dans des terrains pauvres et secs, il sera nécessaire d'augmenter ces distances, afin de conserver toujours à la végétation du cep un volume de terre équivalent à celui qu'il aurait eu dans un sol frais et profond. Il va de soi encore que des vignes qu'on voudrait élever à grandes charpentes, devraient être plantées à grands écartements.

Les guirlandes italiennes de l'Emilie sont produites par des ceps plantés à 6 mètres les uns des autres, et les crosses d'Evian sont espacées souvent de 10 mètres et plus. Est-ce une raison pour croire qu'en plantant plus écarté, on produise moins ? Assurément non.

Les vignes plantées et entretenues de 20,000 à 40,000 ceps à l'hectare, sont l'exemple le plus saisissant de ce que peut produire l'avidité déçue par la sottise et l'ignorance. Une vigne de 10,000 ceps peut produire et produit plus qu'une vigne à 40,000 ceps. Quel est l'horticulteur intelligent qui plantera 40,000 glycines ou clématites dans un hectare de terrain, pour ne prendre que des plantes analogues à la vigne ? Et ne voit-on pas de suite l'étiolement et le rachitisme d'une plantation faite dans de semblables conditions ? Or, la vigne est un arbrisseau autrement vigoureux par lui-même que tous ces végétaux, puisqu'un seul cep abandonné à lui-même peut couvrir les plus grands arbres en peu d'années.

Il est donc nécessaire que dans les moyens et les artifices à employer pour maintenir la vigne relativement basse, on tienne un grand compte de ses allures naturelles et de son développement souterrain, qui peut seul assurer sa santé et sa bonne venue. On comprendra dès lors qu'il faut, surtout avec les vignes greffées, laisser à chaque cep un espace minimum en dessous duquel il ne pourrait atteindre son développement complet, et l'expérience démontre que, dans le cas qui nous occupe, ce minimum est de 1m30 carré, pour nos pays.

La taille, raisonnée et bien comprise, demandera à chaque cep ainsi installé, tout ce que son expansibilité dans cet espace peut donner, mais rien de plus. Or, la vigne se montre largement généreuse pour le vigneron qui sait lui laisser la nourriture suffisante, et quelques chiffres empruntés aux documents officiels des comités viticoles l'indiqueront suffisamment.

Un hectare planté avec 3,000 plants greffés soudés, rapporte à sa cinquième année de plantation, un minimum de 100 hectolitres de vin, soit près de six pièces à la bicherée. Que rapportait un hectare de nos anciennes vignes, si bien tenues fussent-elles, avec les 16 à 18,000 pieds qu'on y entassait, et dans une bonne année moyenne ? 90 hectolitres au maximum ou cinq pièces à la bicherée. Le parallèle est concluant :

3,000 ceps greffés... 100 hectolitres.
16,000 — ordinaires 90 —

L'objection habituelle ainsi réfutée par l'expérience, il ne reste plus qu'à examiner la meilleure manière de planter le cep lui-même. Les uns plantent à la charrue et le système est défectueux. D'autres se servent du pal en bois en coupant presque au ras du bois les radicelles de l'année ; d'autres enfin plantent à la bêche ou à la houe dans des trous de 0,40 et semblent être dans le vrai. Rien de plus naturel, en effet, que de conserver à la vigne la plus grande partie des racines qui vont aider à son développement immédiat, en supprimant bien entendu les parties trop longues ou meurtries ; et l'on conçoit que, comme pour tout autre arbrisseau, le travail d'assimilation se fera bien plus rapidement avec un chevelu existant qu'avec un système radiculaire à créer.

Ce n'est pas que la plantation au pal, en rognant les racines à 0,03 du cep, donne de mauvais résultats, mais la plantation par trous en donne de plus sûrs et de plus réguliers. On aura soin, dans ce dernier système, de remplir le fond du trou de terre bien meuble en la disposant en forme conique ou en mamelon, sur lequel on étalera les racines en leur donnant une direction inclinée de haut en bas ; et on recouvrira immédiatement de bonne terre ou de compost de l'épaisseur de quelques doigts avant de reboucher complètement le trou qui aura été suffisamment tassé avec les pieds. Deux échalas en croix mettront le greffon à l'abri des chocs, la soudure devant, du reste, être tenue au ras du sol ou à un doigt en dessous.

Dès la première année, on recueillera quelques raisins sur les ceps d'une vigne ainsi plantée. A la deuxième feuille, on trouvera une moyenne de deux belles grappes par plant, et à la troisième récolte, on fera bien près de 50 hectolitres à l'hectare.

S'il n'y a pas de manques, il est certain qu'à la 5me année, on atteindra, en le dépassant peut-ére, le chiffre préindiqué de cent hectolitres.

Qu'on emploie dès la troisième année la taille dite de remplacement, qui laisse tous les ans une branche à fruit et une branche à bois, avec palissage sur fil de fer partout où cela sera possible, et on sera amplement dédommagé des frais qu'on aura pu faire pour installer la vigne.

Deux mots, du reste, avant d'en venir à la taille des vignes greffées, sur l'emploi du fil de fer dans les vignes.

Lorsqu'on peut planter en lignes, en orientant la vigne du nord au midi, afin de lui donner le plus possible l'air, le soleil et une culture facile, on réalise une immense économie, en employant le fil de fer galvanisé avec grands piquets, de préférence aux échalas ; et on facilite de plus la taille de remplacement.

Le fil de fer galvanisé n° 10 qui peut durer 20 ans et plus, c'est-à-dire plus que les piquets, coûte 200 fr. environ tout posé pour un hectare, à raison de 200 kilogrammes à l'hectare. Avec les piquets, pointes et main d'œuvre, l'ensemble de la dépense revient à 500 francs. Si l'on y ajoute 300 fr. pour les 10,000 grands échalas intermédiaires, le palissage et l'échalassage complets coûteront 800 francs pour une vigne plantée en plants français à 40,000 ceps à l'hectare. Or, dans un hectare de 40,000 ceps, il ne faudra pas moins de 800 bottes d'échalas ordinaires valant 1,200 francs, sans compter la pose et dépose de chaque saison, l'épointage, les rebuts et la moindre durée.

Il est facile de calculer d'après cela, pour

une vigne de 7 à 8000 pieds à l'hectare, comme le sont généralement maintenant les vignes américaines de nos pays, quelle sera la dépense réelle et la notable économie réalisée sur l'emploi des échalas.

Une bicherée palissée et échalassée pour 20 ans ne coûtera guère plus de 30 à 40 francs.

XIV

Taille.

TAILLE. — Il résulte surabondamment de tout ce qui précède, que soit par la vigueur donnée aux greffons par les porte-greffes, soit par l'écartement des ceps, la vigne plantée ainsi qu'il a été dit, aura une végétation bien supérieure à celle de nos anciens plants. La taille devra donc être appropriée à cette végétation, et quelques explications sur la manière de s'y prendre, ne seront peut-être pas superflues.

Chaque souche, selon son âge et sa vigueur, peut produire annuellement de quatre à six sarments de 1 mètre et quelquefois bien plus de longueur. A la taille d'hiver, tous ces sarments, sauf deux, seront abattus complètement et aussi près que possible de la souche, et des deux qui seront conservés, l'un sera taillé à deux yeux et nous l'appellerons branche à bois, l'autre sera maintenu de toute sa longueur : ce sera la branche à fruits.

Il faut en effet que la vigne produise et produise beaucoup pour celui qui la soigne, mais il faut aussi que celui qui la dirige respecte dans la mesure du possible ses allures et son activité. Il ne peut pas être bon pour un arbrisseau qui aime à grimper, à s'étendre et à prendre un grand développement, de toujours le tondre, toujours le rabattre, toujours l'épuiser. Tout système qui lui permettra au contraire d'entretenir sa vigueur par l'élancement d'une branche à bois respectée, tout en assurant sa fécondité sur une branche à fruits convenable disposée, répondra assurément au desideratum à atteindre.

On taillera donc à deux yeux, le sarment le plus rapproché de la souche, pour lui faire reproduire de deux à quatre sarments dont les pampres seront élevés et soutenus contre un échalas de 1m25. Des autres sarments on en choisira un de vigueur moyenne, à nœuds bien saillants et qui sera propre à être couché horizontalement ou arqué, pour en faire la branche à fruits. Quant à la branche à fruits de l'année précédente, elle sera sacrifiée net à son point d'insertion sur la souche. Le sarment conservé de toute la longueur sera fixé sur un fil de fer situé à 0m40 du sol, au moment seulement où la sève commencera à être en pleine activité.

On le voit de suite, cette taille répond à la production vigoureuse du bois et à la fructification régulière de la vigne ; car, on le sait, plus la taille est courte, plus les jets de bois sont vigoureux et le fruit rare; plus la taille est longue, plus le fruit est abondant et les pampres faibles. Toutefois, le vigneron devra surveiller de près sa taille, car tant que la branche à bois donne des jets suffisants pour la taille de l'année suivante, il peut allonger sa branche à fruits ; mais aussitôt que ces jets faiblissent, il devra la raccourcir.

On se demandera sans doute pourquoi conserver plutôt une longue branche à fruit portant huit à dix bourgeons que deux à trois bourgeons sur quatre coursons. Rien n'est plus simple. Il est prouvé par l'expérience que plus les bourgeons sont rapprochés de l'extrémité du sarment, plus ils sont fructifères, plus l'embryon du fruit est vigoureux. Et il n'est pas de vigneron qui n'ait remarqué que les grappes venues aux bourgeons terminaux des sarments, sont plus grosses, plus nombreuses que celles issues des bourgeons inférieurs, qui sont rares, et grêles surtout dans les cépages fins. Cela est tellement vrai que le vigneron qui sur un sarment d'un mètre, ne voudrait garder que quatre bourgeons fructifères, devrait garder les quatre derniers et supprimer tous ceux qui sont le plus voisins de la souche. On peut même dire qu'en taillant en coursons à deux yeux, on jette bas le meilleur de sa récolte, surtout quand l'hiver a atteint et stérilisé les bourgeons inférieurs, ce qui arrive souvent.

On comprendra maintenant l'utilité de la branche à fruit, qui dans tous les cas devant être retranchée l'année suivante, ne nuira en rien à la régularité de la conduite de la vigne, et sera remplacée par un des sarments de la branche à bois.

Outre que le sarment laissé de toute sa longueur, comme branche à fruit, porte les bourgeons terminaux les plus fructifères, outre qu'il satisfait à la constitution expansive et vagabonde de la vigne, il aura de plus ce grand avantage d'échapper d'une façon à peu près certaine, aux effets de la gelée, si l'on a le soin de ne le fixer horizontalement que lorsque le froid n'est plus à craindre. Car alors même que deux ou trois bourgeons d'en bas auraient été grillés, ceux d'en haut resteront intacts et assureront la récolte.

Et pour appliquer par cette taille, des moyens réguliers de protection contre les gelées de printemps, il faut, malgré la routine, tailler tard, le plus tard possible, si l'on veut savoir ce que l'on fait et surtout être assuré de la montre. Ce n'est que quelques jours avant le gonflement et l'épanouissement des bourgeons, c'est à-dire, du 15 au 30 mars, qu'il faut tailler.

Et qu'on n'aille pas croire que par cette taille tardive qui fera pleurer la vigne, on l'épuisera. L'expérience a prouvé que l'écoulement des pleurs de la vigne lui était plus utile que nuisible, et dans bien des cas, il préserve de la coulure ultérieure. Il est nécessaire, du reste, de ne tailler que quand l'hiver n'est plus à craindre, afin de pouvoir opérer suivant l'état des bourgeons et leur degré de conservation.

Une fois le cep en pleine végétation, il ne restera plus qu'à arrêter l'expansion au bois dans la branche à fruit, en pinçant l'extrémité de chaque pousse à deux feuilles au-dessus de la plus haute grappe, en attachant ces pousses sur un fil de fer situé à 0m40 du premier ; à favoriser la poussée des branches à bois en les attachant verticalement après le piquet de 1m25; et à jeter bas, à monder toutes les pousses stériles ou gourmandes qui nuiraient au développement de la souche, de la branche à fruit ou de la branche à bois.

Le pinçage a cet énorme avantage, d'empêcher presque toujours dans les années humides et pluvieuses, la coulure, mais il ne doit être appliqué qu'aux branches à fruit, sous peine de voir le cep perdre sa fertilité et se stériliser rapidement. Donc, pincer à deux feuilles au-dessus de la deuxième grappe tous les pampres fertiles de la branche à fruit ; abattre tous les pampres stériles ; et soigner le cep principal ou branche à bois comme à l'ordinaire en ne le rognant que quand il a dépassé l'échalas où il est accollé.

Telle est, en résumé, la manière de tailler qui semble le mieux convenir aux plants greffés, installés sur fils de fer. Lorsque les pentes ne permettent pas de palisser les vignes, comme dans la plaine, on arrivera au même résultat, mais toujours en lignes, en se servant de deux échalas, dont l'un servira à fixer la branche à bois, et l'autre placé à 0m50 du premier, dans la ligne des ceps, servira à arquer la branche à fruit. On s'est bien trouvé, dans ce dernier système, d'enterrer l'extrémité du sarment long, de deux yeux en terre. Il y reprend racine et il s'établit un double courant de sève qui favorise singulièrement la vigueur de la vigne et lui donne une superbe végétation. Toutefois, ce système de transfusion inventé par M. Desbois, entraîne des soins assez minutieux et ne paraît pas, malgré les résultats étonnants qu'il donne, pouvoir être appliqué à la grande culture. Il peut cependant être utile de le connaître, pour régénérer de vieux ceps affaiblis prématurément.

Si j'entreprends de parler ici du système Desbois, ce n'est pas que je le considère comme un moyen de régénérer en grand la vigne. Mais il peut rendre des services en bien des cas, le cep se reconstituant par lui-même, c'est-à-dire la transfusion de la sève s'appliquant au cep au moyen de ses propres sarments.

Qu'on prenne un cep déjà affaibli mais portant encore deux sarments de longueur suffisante; qu'on recourbe l'un à droite, l'autre à gauche, en les enterrant de deux yeux, de manière à leur faire prendre racine. Les yeux enterrés donneront naissance à un jet vigoureux. La pousse sera arrêtée et les yeux intermédiaires annulés. Toute la sève puisée par les jeunes racines des deux sarments recourbés, refluera à la souche-mère et décuplera sa puissance de végétation.

L'opération, qui pour des vignes sur leur fin, peut remplacer très-avantageusement dans bien des cas la funeste habitude qu'on a dans nos pays de « baguer », se résume dans la formule suivante :

Recourber avant la taille, deux sarments flexibles, l'un à droite, l'autre à gauche du cep. A une distance de 0^m30 du pied enfouir leur extrémité à deux yeux de profondeur ; assujettir seulement l'œil extrême, et ne recouvrir le second qu'une fois la pousse sortie. A la taille, choisir deux porteurs, l'un pour le bois, l'autre pour le fruit : le premier sera pris sur un jet aussi vigoureux que possible, le plus proche du cep, et taillé à deux yeux ; le second, sur vieux bois, mais en choisissant le sarment le mieux constitué. La longueur de pousse à laisser à ce dernier variera de 0^m30 à 0^m90, suivant l'âge et la vigueur du cep. On l'attachera droit le long de son tuteur. Lorsque la sève commencera à gonfler les yeux naissants, on fera tomber les yeux des deux sarments dont l'extrémité a été enterrée ; de ceux qui sortiront du sol on ne laissera végéter qu'un seul, et l'on respectera les deux yeux les plus proches du cep. Quelque temps après, ces deux yeux seront arrêtés : celui qui est parti du sol, à vingt centimètres ; les deux qui sont proches du cep, à quarante ; ceux du porteur à bois, le plus bas à quarante, le second à 0^m80 ou un mètre ; et enfin ceux de la branche fruitière à un œil au-dessus de la dernière grappe.

Cette opération, dit J. Desbois, donne des résultats surprenants. La végétation devient des plus luxuriantes et les fruits abondent ; le supplément de sève que les sarments recourbés apportent à la souche-mère, augmente tous les ans, et dès la deuxième année, les ceps les plus vieux et les plus malades sont régénérés, tant que le phylloxera n'aura pas dévoré les nouvelles racines.

En fait, ce système, peu pratique peut-être pour de grandes étendues de vignes, donne vraiment de si beaux résultats, quand il est employé, qu'on peut le considérer comme le seul et le vrai moyen de régénérer les treilles, dont les cordons dénudés par l'âge sont parfois très-élevés et rabougris. Il suffira de renverser deux ou trois sarments, et de les enterrer, l'année suivante, comme ceux des souches basses.

XV

Il n'entre pas dans le cadre de cette étude sur la reconstitution des vignes dans notre région, de parler des maladies qui, en dehors du phylloxera, sont venues assaillir nos vignobles déjà bien clairsemés. En dehors de la coulure et du millerandage déjà bien connus, nous avons vu successivement le pourridié, la chlorose et l'oidium revenir annuellement exercer leurs ravages. Et encore ces ennemis n'étaient rien vis-à-vis du Mildew, de l'Anthracnose et du Black-Rot dont on a déjà pu, à notre latitude, constater bien des atteintes. Les comités d'étude et de vigilance, les viticulteurs émérites, les congrès cherchent à l'envie à combattre ces fléaux désastreux.

Déjà en ce qui concerne le mildew, on peut augurer que l'œuvre de résistance est assurée, et que tout vigneron intelligent et attentif, pourra garantir le précieux arbrisseau de ses invasions.

Il serait trop long aussi et téméraire peut-être de vouloir poser les règles d'une bonne culture de vigne, quoique sous ce rapport, la science viticole ait fait depuis quelques années un pas de géant. L'étude de cette culture touche de près à l'étude des engrais chimiques, qui deviendront dans l'avenir un auxiliaire indispensable de la vigne, et je laisse aux maîtres autorisés le soin de nous indiquer la marche à suivre dans cette voie.

Ce qu'il importe, avant tout, de retenir de cette étude trop longue déjà, c'est ce point capital, que nous possédons dans les vignes américaines un moyen certain de résistance aux attaques du phylloxera, à condition que nous les appropriions au sol qui leur convient.

Ce qu'il ne faut pas craindre de dire et d'avouer humblement, c'est que notre région est démesurément en retard sur les pays vignobles qui l'entourent. Il suffit de visiter un département quelconque du Midi, pour voir avec quel entrain, j'allais dire avec quelle rage chacun se met à l'œuvre pour replanter. Et en fait, partout ce ne sont que pampres et échalas, là où il y a quelques années on ne trouvait que ceps morts ou arrachés. Le seul département de l'Hérault a suivi, comme progression de plantations américaines, la marche suivante :

Il existait en 1880...	2.500	hectares.
1881...	5.000	—
1882...	10.000	—
1883...	19.000	—
1884...	29.000	—
1885...	45.000	—

et l'on peut dire qu'en 1886, ce chiffre est monté à 60,000.

Sans doute déjà, l'Othello, le roi du moment, fait beaucoup parler de lui, dans nos coteaux, et chacun timidement essaie, qui d'en planter 25, qui d'en risquer 150. Mais là n'est pas le nœud véritable de la situation, et l'on en viendra fatalement à nos anciens plants greffés sur de bons et vrais américains, nous redonnant notre ancien vin, qui, sans être un émule des vins de choix de la rive droite de la Saône, a bien son cachet et son mérite particuliers.

En vain celui qui n'ose pas, cherchera-t-il à expliquer son inaction, en disant que cela coûte trop cher d'acheter du bois américain et de le greffer ; en réalité c'est qu'il n'a pas confiance, et qu'il aime mieux boire de bonne eau ou acheter de mauvais vin, que de risquer vingt écus, avant d'avoir vu son voisin le faire. Tout est affaire d'entraînement, et quand ceux qui auront pu visiter quelqu'un de ces splendides vignobles du Midi, mettront au retour la main à l'œuvre, paieront d'exemple, feront des conférences et mettront leur expérience au profit des nouveaux convertis, beaucoup regretteron de ne pas avoir essayé plutôt.

Et de fait, aujourd'hui, avec un mille de Viallas ou de Riparias à 20 francs, et 8 fr. de greffage, le premier venu peut le plus aisément du monde se procurer pour l'année suivante 600 plants greffés soudés prêts à planter dans une bonne demi-bicherée de terrain qui, dès la deuxième année, paiera largement la dépense. Le jour où la routine et l'idée préconçue auront été renversées par ce fait absolument simple et tangible, la reconstitution de nos vignes sera assurée. D'ici là, bien des propriétaires encore iront chercher les plants indigènes les plus hétéroclites pour replanter leur vignoble, sous prétexte que « ceux-là ne risquent rien », et en seront quittes pour les bientôt arracher : On voit cela tous les jours, et on le verra longtemps encore.....

Avant de terminer et de résumer cette causerie viticole, je crois fort important de classer les terrains d'après les observations qui ont été faites sur l'adaptation des vignes américaines, afin de diminuer, autant que faire se peut, le tâtonnement des viticulteurs dans le choix de leurs porte-greffes.

XVI

Résistance et adaptation.

Le point de départ de toute reconstitution de vignoble, je l'ai dit et ne saurais me lasser de le répéter, est avant tout de rechercher quels sont les plants américains qui conviennent à un sol donné. La résistance de ces cépages au phylloxera est incontestable, mais à condition qu'on les place dans un milieu favorable. Là, en somme, est, d'une part, le secret de toutes les réussites, et d'autre part, la raison de tous les mécomptes obtenus.

Qu'on ne s'y méprenne pas : la résistance et l'adaptation sont deux choses absolument distinctes, et tel cépage moins résistant se comportera mieux dans le sol qui lui convient que tel autre beaucoup plus résistant dans un sol qui n'est pas le sien. La non-adaptation à un sol donné se traduit par l'état chlorotique, l'amaigrissement et la mort des cépages ; et l'expérience est assez faite aujourd'hui aux dépens de ceux qui l'ont tentée, pour qu'on reste sans hésitation sur ce point.

On pourra consulter avec fruit le tableau suivant établi par M. Foesch, directeur de l'école de Montpellier, et qui est le résumé des observations faites depuis quinze ans sur l'adaptation des plants américains, aux divers terrains :

1° Terres profondes, fertiles et fraîches : V. Riparia *sauvage, tomenteux et glabre, Jaquez, Solonis, Vialla, Taylor.*

2° Terres profondes, un peu fortes, humides : V. Riparia *sauvage, Solonis, Vialla, Taylor.*

3° Terres profondes, de moyenne consistance, fraîches en été : V. Riparia *sauvage, Jacquez, Solonis, Vialla, Taylor, Black-July.*

4° Terres légères, caillouteuses, profondes, bien égouttées, ne se desséchant pas trop en été : *Jacquez, Vialla,* V. Riparia *sauvage, Taylor,* V. Rupestris.

5° Terres calcaires à sous-sol crayeux, peu profondes ou granitiques : *Solonis,* V. Rupestris.

6° Terres argileuses blanches ou grisatres : *Jacquez.*

7° Terres sableuses, profondes, suffisamment fertiles : *Solonis, Jacquez, Black-July,* V. Rupestris.

8° Terres caillouteuses, sèches et arides :

V. Rupestris, *York-Madeira*. V. Riparia *sauvage*.

9° Terres profondes avec fond de tuf ou de travertin : *Solonis*.

10° Terres colorées en rouge par le fer peroxydé à cailloux siliceux, profondes et un peu fortes, s'égouttant bien, mais pas sèches en été : tous les cépages indiqués précédemment, plus *Herbemont*, *Cynthiana*, *Concord*.

Il convient d'ajouter que dans notre région, le *Noah*, le *Canada*, l'*Elvira* et le *Cornucopia*, comme plants directs, se plaisent dans des terrains en coteau, assez profonds et fertiles. L'*Othello* ne veut pas de terrains trop riches et se contente d'un sol un peu maigre. Le *Senasqua* aime plutot les plaines, ou son débourrement tardif le met à l'abri des gelées.

En résumé, et pour notre région spécialement, les porte-greffes qui ont fait leurs preuves et peuvent défier toute critique, sont le *Vialla*, l'*York-Madeira* et le *Jacquez* dont les tissus semblent avoir le plus d'aptitude à se souder à nos espèces de pays. Le *Riparia*, le *Solonis* et le *Rupestris*, bien que réussissant dans une proportion moindre, donnent pourtant encore d'excellents résultats au point de vue du bon développement des greffes, quand ils sont dans le milieu qui leur convient. Il serait prématuré, je crois, de vouloir, pour le présent, étendre l'opération du greffage en grand, à d'autres variétés, bien qu'il en soit de fort recommandables.

Quant aux producteurs directs, l'*Othello* et le *Senasqua* tiennent encore le haut de la liste. bien qu'il ne faille pas dans les *Œstivalis* rejeter le *Black-July* et le *Cynthiana*, et dans les Hybrides, le *Cornucopia*, le *Black-Defiance*, le *Brant* et le *Canada*.

Voici terminée l'étude sommaire que, sans prétention aucune, assurément, j'ai entreprise pour les lecteurs du *Journal de Trévoux*. Il m'a semblé que dans bien des coins encore de notre arrondissement, le vigneron faisait fausse route en s'entêtant à replanter quand même des cépages français, alors qu'il n'a rien à en attendre désormais. Il m'a semblé également qu'avant de constituer des écoles de greffage ou de provoquer des réunions viticoles, souvent sans fruit, il fallait convaincre les amateurs de routine en prenant la question à son début. Un vigneron, en effet, ne maniera bien son greffoir que le jour où il aura compris que cet outil lui est devenu absolument nécessaire.

Ce n'est pas d'un coup que chacun se mettra en grand à l'œuvre, je le reconnais ; mais que chacun commence en petit un essai ici, une tentative là ; que chacun cultive quelques porte-bois dans une partie du potager, tente de réussir vingt greffes une année, cinquante l'autre ; et petit à petit, ce nouveau mode de planter la vigne entrant dans les idées et dans les mœurs pour ainsi dire, fera son chemin et préparera pour un avenir peu éloigné la réfection de nos vignobles déjà bien clairsemés.

Il n'y a pas à se décourager et à regarder, les bras balants, nos coteaux dévastés, sans chercher à y remédier. Depuis longtemps déjà, boire du vin de la vigne devient chose rare, et l'étranger commence à nous inonder de vins grossiers et lourds qui s'accommodent mal au caractère français qui ne veut que des vins gais et légers. Dans ces circonstances, le viticulteur français, doit s'armer pour la lutte mieux que par le passé, et il doit apporter à l'étude de tout ce qui concerne la défense, la reconstitution et l'exploitation de la vigne, un soin tout particulier. C'est pour aider nos vignerons dans cette tâche, où se trouvent également engagés leurs intérêts particuliers et ceux du pays, que j'ai cherché à réunir ici le résumé le plus essentiel des connaissances acquises aujourd'hui, et dont il devient matériellement impossible de se passer.

Absolument désintéressé dans la question, je me suis borné à raconter simplement ce que j'ai vu un peu partout et dans les nombreux vignobles que j'ai visités, heureux si j'ai pu faire passer dans l'esprit de quelques-uns de ceux qui auront bien voulu me suivre jusqu'au bout, cette conclusion qu'en dehors des cépages américains greffés et bien appropriés, il n'y a pour l'heure pas de salut.

Je termine en faisant des vœux pour que les pouvoirs publics, justement émus de la triste situation des vignes en France exemptent de l'impôt foncier le sol des vignobles détruits par le phylloxera, pendant au moins les cinq ou six années qui suivent cette destruction; pour que cette exemption soit prolongée cinq années de plus pour les vignobles reconstitués, à titre d'encouragement à cette reconstitution; pour qu'ils prennent enfin toutes les mesures capables d'améliorer le sort des populations agricoles si cruellement éprouvées dans les contrées où les vignobles ont été anéantis.

Lorsque on voit avec quelle énergie petits et grands propriétaires luttent, avec leurs seules forces, pour la défense et la reconstitution d'une de nos principales richesses nationales, n'est-il pas juste que l'Etat leur vienne en aide par tous les moyens, alors surtout que dans cette question, son intérêt est intimément lié au rétablissement de la prospérité viticole ?

Quant à nous, en attendant, plantons de l'Othello pour boire du vrai vin, jusqu'à ce que nous ayons renouvelé nos vignes, avec nos anciens plants greffés sur américains : Demandez aux anciens, notre ancien vin était encore le bon, et il faut y revenir.

Trévoux, imp. J. Jeannin.

TABLE

www.ingramcontent.com/pod-product-compliance
Ingram Content Group UK Ltd.
Pitfield, Milton Keynes, MK11 3LW, UK
UKHW021536260726
13993UKWH00002B/527

9 782329 023038